PORTRAITS
D'OYSEAVX, ANI-
MAVX, SERPENS, HER-
BES, ARBRES, HOMMES ET
femmes, d'Arabie & Egypte, obseruez par
P. Belon du Mans.

Le tout enrichy de Quatrains, pour plus
facile cognoissance des Oyseaux, &
autres Portraits.

Plus y est adiousté la Carte du mont Attos, &
du mont Sinay, pour l'intelligence de leur religion.

A PARIS,

Chez Guillaume Cauellat, deuant le College
de Cambray, à l'enseigne de la
Poulle grasse.

1 5 5 7.

Auec Priuilege du Roy, pour dix ans.

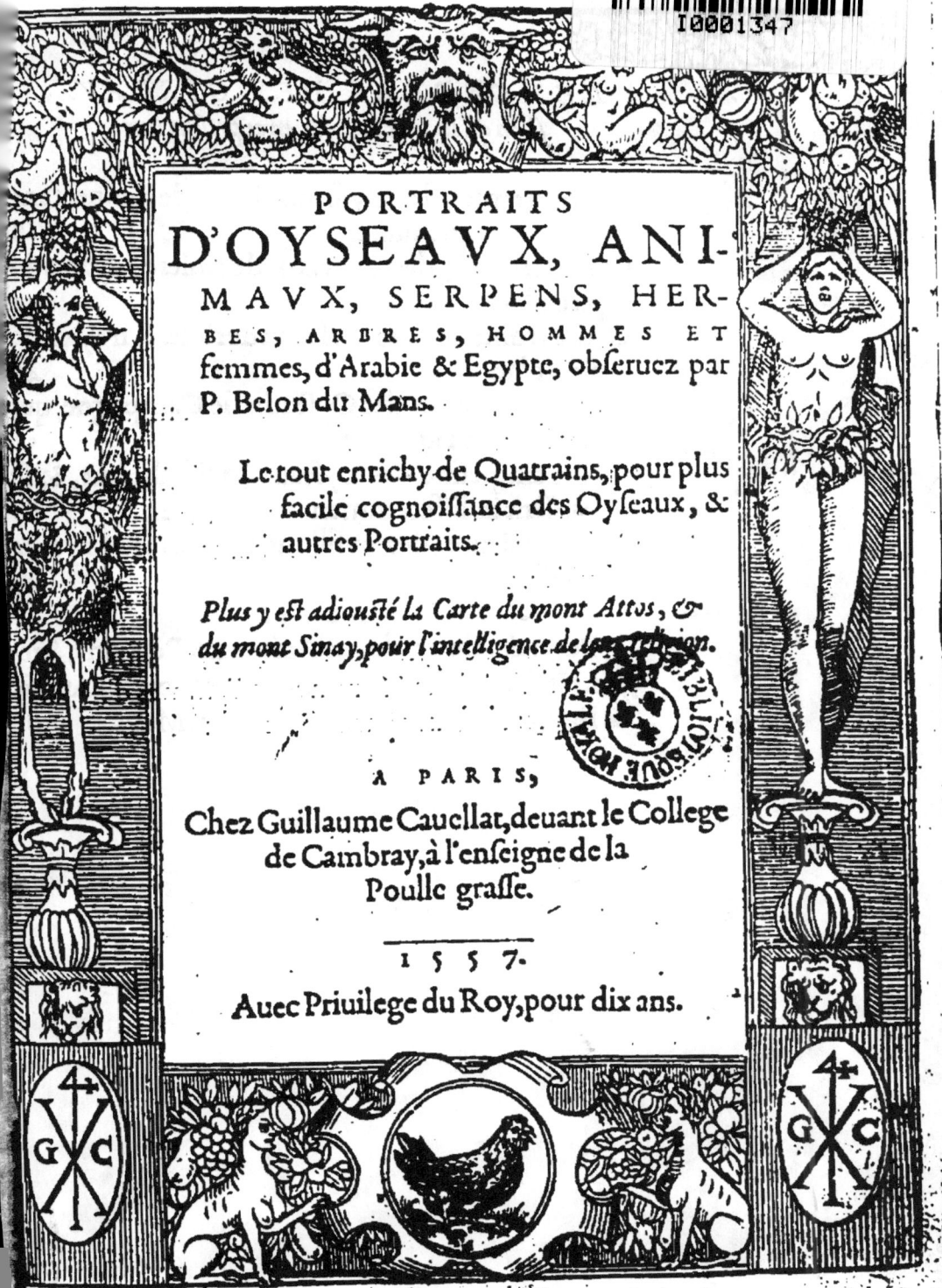

LES ORDRES DES OYSEAVX,
selon qu'ils sont disposez en ce present liure.

PLVS.

AV TRESCHRESTIEN ROY
Henry, deuxiesme de ce nom.

IRE, il long temps a que tant nostre France que les estrangers, qui n'v-
sent de ceste langue, eussent aussi bien
esté participans du fruit des labeurs
de l'histoire Latine des oyseaux que
Pierre Bellon du Mans vous a presen-
tez, côme les François, n'eust esté qu'il s'est premieremêt voulu employer à d'escrire le labour des plâtes & leur nature,
pour l'instauratiõ de l'agriculture, auât que faire l'impressiõ
Latine des oyseaux, mais Dieu aidant, lon voirra l'vn apres
l'autre. Il ne s'estoit trouué personne entre les autheurs, tant
anciens que modernes, qui eust fait voir les portraits des oyseaux auant luy, comme appert par les peintures & con-
fession d'aucuns autres qui en ont escript depuis. D'autre
part l'experience des portraits des poissons & serpents demonstre que les premiers entrepreneurs de choses grandes,
encor que leur ouurage n'ait entiere perfection, n'est moins
louable que celle qu'on fait meilleure à leur imitation, scachant qu'on peult facilement enrichir la chose ia inuentée,
& repolir la grossoiée. Cardanus en son liure, de Rerum
varietate. Et Gesuerus, hommes scauants & tressuffisans
personnages, sont tesmoings que ceux qui ont pensé mesdire
de ses escripts, se sont fait tort. Et combien que les oyseaux

ä ij

ſoient aſſez amplement deſcripts es ſept liures qu'auons iá imprimez, toutesfois en ſi grande varieté de volontez & eſprits, il s'en trouue vne partie qui aime brïeueté: auſquels voulans donner occaſion de ſe contenter, auons redigé ceſt abbrege en moindre volume, á fin de le rendre plus aisé á porter, eſperans que comme les vns ſe ſont trouuez dignes d'eſtre preſentez á voſtre maieſté, que encor ceux cy obtiendrōt la meſme grace. Mais comme chacun eſt enclin á aimer le bien public, & nous ne voulans laiſſer les figures deſnuées de leurs noms Grecs, Latins, Italiens & Francois, auons voulu contenter non ſeulement ceux de noſtre nation. Et en attendant le retour de leur autheur, maintenant enſerré au prochats de ſon inſtauration de l'agriculture, par les plaines & montagnes d'eſtrange païs, ou l'auez enuoyé, auōs eſcript aucuns quatrains Francois pour donner quelque petite declaration au portrait de chacune figure, rēuoyant ceux qui en vouldront ſcauoir d'auantage aux autres liures, lá ou ils ſont plainemēt deſcrits. Nous auōs autres appreſts dudit autheur de choſes moult vtiles & exquiſes, pour vn renouuellemēt de la cognoiſſance des plātes, pour leſquelles, eſmeu du ſeul deſir de les ſcauoir, iceluy ne s'eſt trouué laſſé d'auoir cheminé de ſes pas plus de cinq mil lieuës. Donc ſeroit-ce mauuaiſe comparaiſon pour meſpriſer vne extreme diligēce accusée de curioſité inutile, de dire qu'aucunes natiōs n'ont laiſſé á viure ſains et ioyeux, ſans auoir veu les ourages des meilleurs artiſans, ne ſans auoir gardé autre ciuilité que celle qu'ils ont acquis de leur naiſſance, mais tels ne ſcauent que leur vie n'eſt differente aux beſtes qui
n'ont

n'ont foing, finon que à boire, manger, dormir, & en-
gendrer, de forte qu'il peult estre en l'endroit de celuy qui
met ses escripts en public, comme à vn peinctre, imager,
statuaire, & tout autre excellent artisan: car ne les escripts
des hommes doctes, ne l'ouurage des artisants de quelque
excellence, ne font en pris es païs d'hommes barbares. Tout
ainsi est il en la science de l'artisan faisant ouurage pour la
commodité d'autruy tant publique que priuée, car sa besongne apparoist ou excellente ou lourde, ou grande ou petite, belle ou laide, procedant selon l'esprit de celuy qui l'entreprend. Parquoy l'homme contemplatif, mettant ses
pensées en escript pour la commodité des autres, à peine sera apparoistre chose digne de grandeur, s'elle n'est soulagée
de despense. A ceste cause tout ainsi comme l'excellence de
l'ouurage d'vn statuaire, d'vn peintre, architecte & autre
artisan doit estre supportée, aussi doit estre telle de l'homme
duquel l'ouurage n'est vendible. Voyla pourquoy Auguste
Cesar donna charge à Mecenas de prendre les bons esprits,
de son teps en sa protection, & de vray sans cela, ils n'eussent
eu moyen de nous laisser si recente memoire de tant anciens
faits. Somme que ne les escripts des choses naturelles, ne les
ouurages qui enseignent les haults faits des hömes heroiques
ne seroient maintenant en noz mains sans le support que les
ouuriers ont eu des seigneurs qui les auoiet mis en besongne.
   Sire ie prie nostre seigneur qu'il vous donne en santé, bonne
vie & longue.
      Le plus humble de tous voz subiects
      Guillaume Cauellas, Libraire.
            ă iij

ADVERTISSEMENT AV LE-
Cteur pour les cartes de L'emnos, du
mont Athos, Pont & Propontide,
& de Synaï.

Lon trouuera les cartes de l'isle de Lemnos, du mont
Athos, Pont & Propontide, de Synaï, en la fin du liure.
Mais pour l'intelligence d'icelles auons adiousté le suyuant
discours, dont auons voulu admonnester le lecteur.

Le mouuement de la mer Hellespontique, du Propontide & Pont, des isles Ciclades, Sporades, & telles autres
singularitez representées esdictes chartes, sont plainement
descripts es liures des observations, là ou chacun pourra a-
uoir reccurs.

SINGVLARITEZ DV MONT
Athos, chef des ceremonies, pour le fait
de la religion des Grecs.

IL seroit mal aisé, que personne retournant du
païs de Grece, nous peust maintenant faire
voir chose qui merite plus grande estimation
enuers les hômes d'esprit, que la montagne qui
est icy representée. Mais sur tout y a deux choses principales,
l'vne pour le fait de la religion du iourd'huy, l'autre pour
l'antique recommandation des anciens autheurs, qui l'ont
renduë celebre par leurs escripts. Nous presupposons que cha
cun ait leu ce qui est declaré plus à plain en noz singularitez es obseruations des païs estranges, là ou maintes autres
choses de ceste montagne y sont escriptes. Mais pource que ce
ne seroit moult grande nouueauté si n'en rapportions autre
chose que ce que les anciens en ont escript, aussi rendrons
raisons, de maintes autres, qui pourroient demeurer dou-
teuses aux lecteurs, & y adiousterons encor la raison pour
quoy Xerxes passant en Grece la faisoit trencher, par le pied
d'auec la terre ferme. Et pourquoy Dinocrates en Vitruue
y vouloit fabriquer vne statue representant la figure d'A-
lexâdre. Herodote, tresantique historien, racôpte comment
Xerxes amena vne moult grande armée de l'Asie en Europe contre les Grecs, & qu'iceluy estant puissant par mer &
par terre, passa le destroict de l'Hellespont, lequel costoyant
la marine, estoit maistre de la campagne & de la mer. Et
ayant grandes commoditez de ses vaisseaux de marine, vou

loit qu'ils le suiuiſſent en coſtoyant touſiours ſon armée. Cecy
appert par la reueue qu'il feit de ſes gens au champ d'Ori-
ſcus, aux racines du mõt Emus, qui fut entre le fleuue Me-
las et Hebrus, tellemẽt que chacun peult aiſémẽt preſumer
que ſi les deux armées n'euſſent eſté enſemble, auec ſi grand
nombre d'hommes,il euſt eſté mal pourueu de viures. D'au-
trepart en faiſant cheſmin,ils euſſent trouué maintes incom-
moditez, paſſant tant de riuieres,ſi ſes vaiſſeaux euſſent eſté
ſeparez. Voila pourquoy lon penſe qu'il la feiſt tailler, à fin
de ne ſe reculer s'il leur euſt cõuenu les eſcarter pour entour-
ner la montagne, qui eſt tant aduancée dedans la mer : car
elle eſtant vn Cheronueſe de bien trois iourrnées de chemin,
n'a demy quart de lieue celle part ou elle eſt attachée à terre
ferme: laquelle eſtant ſeparée d'vne tranchée, eſtoit rendue
en iſle, d'autant que la mer luy eſt conioincte des deux coſtez
à petite diſtance,toutesfois nous qui de propos deliberé auons
cherché le canal & la trenchée faicte ne l'auons ſceu diſcer-
ner à ceſte fois, ne y obſeruer traces de foſſoieures. Cecy n'eſt
pas pour nyer que Xerxes n'y ait fait eſpace pour paſſer ſes
nauires. Car il peult aduenir que la foſſe ſe ſoit comblée,
depuis ce temps là.

    L'entreprinſe de Dinocrates eſt memorable: Car voulant
tailler l'image d'Alexandre en ceſte montagne, il eſtoit à luy
de ſe l'eſtre ainſi imaginé, la voyant en la mer auoir figure
d'vn homme renuerſé: laquelle eſtant de moult longue eſten-
due, & ſituée ſur le propre patrimoine d'Alexandre en Macedoine repreſentant vn grand Coloſſe, donna aiſée occaſion
à Dinocrates, homme de ſubtil eſprit & de bon entende-
ment, de ſe

ment, de se partir de Macedoine tout exprès, pour aller trouuer Alexandre, iusques au lieu ou estoit son ost, n'oubliant
toutesfois de prendre lettres de recommendation, & tesmoignage de Macedoine, addressant aux plus fauoriz seigneurs
de la court d'Alexandre, esperant qu'elles seroient meilleur
moyen de luy faire parler au Roy. Parquoy estant arriué au
camp ayant parlé aux seigneurs, ne trouua qui le presentast
si tost qu'il luy auoyent promis: alors pensa qu'ils ne faisoyent
compte de luy. Mais esperant trouuer remede en luy mesme, despouilla ses vestemens, & se mist vne peau de Lyon
sur l'espaule gauche, & se coröna de fueilles de peuplier, puis
s'oignant d'huille, print vne massue en sa main dextre, &
ainsi acoustré nud, marcha vers Alexandre. Or iceluy le
voyant beau, de belle taille & grand, le fist venir parler à
luy, luy demandant qu'il estoit. Ie suis Dinocrates, respon-
dit il, Architecte Macedonien, qui te viens faire entendre
quelques miënes entreprinses, dignes de ta grandeur: C'est que
ie representeray ta forme taille de toute la montagne Athos,
tellement que tiendras vne cité dedens ta main gauche, en-
tournée de fortes murailles. Et en la dextre auras vne cou-
pe ou entreroni toutes les riuieres du mont, auant que de
s'espandre en la mer. Adonc Alexandre ayant entendu telle sienne entreprinse, proceder de bon esprit, le retint auec soy,
pour le bastiment de son Alexandrie. Mais il ne fut em-
ployé à l'execution de ladicte statuë: car aussi bien y eust il eu
defaut de viures aux habitäs d'icelle, s'il l'eust faite ainsi qu'il
l'auoit deliberé. Plutarque en la vie d'Alexandre, & Vitruue en la preface de son second liure, en dient aussi autres cho-

ë

fes. Voyla quant à l'antiquité d'icelle. Toutesfois que comme
nous voyons les regnes se changer, & toutes choses estre subi-
iectes à mutation, aussi est en l'endroit de ce territoire d'auoir
esté dedié à gens solitaires, qui ont plaisir de se tenir es lieux
champestres. Donc quant au fait de la religion, les habitans
d'illec tous religieux commandent à maintes nations de diuers languages, tellement que les fondations des monasteres,
respondent en diuerses contrées. Parquoy faisant vne comparaison, voulons presupposer qu'vne compagnie d'hommes
villageois, tous de diuerses langues de mesme religion, soient
assemblez en vn lieu, comme seroit vn Breton, vn Basque,
vn Escossois, vn Irlandois, vn Grison, vn Polon, vn Francois, vn Anglois, vn Espagnol, vn Allemant, vn Portugalois,
vn Italien: & ainsi des autres, qui suiuent la Romaine. Si
chacun parloit son language, ils ne s'entre entendroient l'vn
l'autre, d'autant que la langue d'vn chacun est estrangere à
l'autre. Mais s'ils estoient hommes lettrez, & qu'ils parlas-
sent le language lettré dont lon vse en leur religion, alors chacun s'entre entendra parler.   Combien donc est aduantagé
l'homme lettré sur le mechanique? Voila pourquoy il n'est
aucune nation qui n'ait esleu quelque souuerain, pour chef
de sa religion, conseruant vne langue particuliere sur les nations de diuerses manieres de parler, à fin qu'il n'y ait diuer-
sité es cerimonies en faisant les sacrifices pour ceux qui suyuent celle religion.   Donc comme en toutes les susdictes nations, encor que les mechaniques soient de parler different, les
lettrez se peuuent entendre: tout ainsi aduient à maintes autres nations, qui ne suyuent l'Eglise Romaine: car encor que

vn

vn Seruien, Dalmate, Vallaque, Albanois, Esclauon, Circaſ-
ſe, Mengrel, Bulgare, & tels autres qui ſuiuent la religion
Grecque, ſi eux eſtans aſſemblez chacun parloit ſon vul-
guaire, ils ne pourroiët ſentre entendre l'vn l'autre, auſſi ſi
ceſte aſſemblée eſt de perſonnes lettrez, qui parlent le language conſtitué par la religion, qui eſt le Grec, ils ſentre enten-
dront tous, & ſe reſpondront l'vn à l'autre. C'eſt delà que les
peuples en toutes les côtrées du môde, ont conſtitué vn chef en
l'Egliſe, pour leur côſeruation & vnité, & pour l'erudition
& doctrine. Donc eſt ce erreur penſer que qui ſcait Latin eſt
entendu par toute Chreſtiente, Scachant que les ſuſdites na-
tiôs, obeiſſants à l'egliſe Grecque, n'euſſent de Latin en aucu
ne maniere. Eſtât donc vne vtilité publique aux Latins, d'a
uoir côſtitué vn chef ſouuerain ſur leur Egliſe, eſt auſſi aux
Grecs en leur endroit, auoir fait de meſme. Les Georgiens
ont auſſi fait le ſemblable: & les Indiens & les Armeniens
auſſi, & maints autres Chreſtiens, habitants en Orient, qui
ont ſubiects de differents languages, parlez entre les mechaniques, & toutesfois les lettrez aprennent celuy qui eſt or-
donné pour le ſcauoir & inſtruction des ſciences, & par lequel ils ſont inſtruicts par les chefs des egliſes. Ia ont eſté veu
regner quelque petite pongnée d'hommes, qui en ſortant des
limites de leur vniuerſité, ſe ſont laiſſé vaincre de leur per-
ſuaſion, & tellement paſſionnez qu'ils ſe penſoient ſuffi-
ſants, pour corriger & reduire tout le monde : car ils s'ima-
ginoient eſtre ſcauants, comme ceux qui auoient conſommé
leur aage à aprendre, & toutesfois eſtoient ſi ignorants que à
peine leur penſee a paſſé leur menton, n'ont peu regner que
ẽ ij

petite espace de temps, d'autant qu'ils s'estoient fondez sur legiere persuasion. Et si aucuns des plus estimez se fussent venu pourmener en ceste montagne, ce leur eust esté bien outragé d'y persuader aux caloyeres de ne plus instruire le peuple à garder austerité & n'estre plus scrupuleux au boire & au manger. Encor nous souuenans de la violence qui incitoit les esprits d'aucuns paures mechaniques troublez d'esprit, abandonnans leur auoir pour estre mandians, à peine eussent voulu aduouer qu'il se trouuast sçauoir, qui peust surpasser le leur, souhaittions leur pouuoir faire entendre qu'il y ait non seulement douze religions differens en language, mais douze chefs, (dont encor pour le iourd'huy sont trouuez leurs ambassadeurs au Sainct sepulchre de nostre seigneur en Hie rusalem,) & desquels il n'y a celuy qui n'ait vne vingtaine de nations differens en parler, qui obeissent à leurs commandemens. Combien donc leur eust deu sembler nouueau entendre s'il y auoit douze vingtaines de nations chrestiennes, toutes de diuerses langues obeissantes à diuers chefs, & qui ne sont de la Romaine? & n'y comprendre l'estendue & obeissance Grecque, que pour vne, nomplus que la nostre pour l'autre? Si lon considere toute l'estendue & l'obeissance Latine, on la trouuera grande, mais qui regardera la Grecque la trouuera encor plus grande. Nous n'auons ccté cecy pour flater les caloyeres: car nostre escript, estant sur les particularitez des religions d'Orient, auons apperceu que les fortunes conduisent les hommes selon qu'il plaist à Dieu, & que l'occasion tient les vns coy sans bouger, & enuoye les

autres

autres, desquels auons esté l'vn, qui se sentant obligé aux
caloyeres du mont Athos, n'auons voulu taire leur courtoi-
sie. C'est qu'ils repaissent ceux qui les vont voir, & ayant
coustume donner aux passants de ce qu'ils ont sans en rece-
uoir aucun payement, mais ce qu'ils donnent n'est exquis,
sçachant qu'ils ne mangent point de chair. Et leurs souue-
rains, c'est à sçauoir les patriarches commãdans aux nations de
diuerses langues, en ont vn au Caire en Egypte, l'autre en Da
mas en Syrie, l'autre en Constantinoble. Mais le lieu de tou
tes leurs autres religions, n'est si celebre que au mont Athos.
Et nous ayans esté par leurs monasteres les auons portraits
grands & petits selon leur situation. Il n'est pas vray que
les caloyeres se sont retirez la pour l'ariuée des Turcs en Grece, car les monasteres y estoient desia bastiz auant leur ve-
nue. Aussi ne fault croire aucuns indignes de tiltre memorable, qui du retaillement des coipeaux de noz escripts ont
(n'a pas long temps) mieux aimé mentir, disans qu'il y a
des monasteres de femmes que de suiure nostre opinion, qui
auons escript n'y en auoir nulles.

ẽ iij

Table des noms Francois des oyseaux.

TABLE DES

Portraits, d'aucuns animaux, poissós, herbes, arbres, hommes, & femmes, adiouſtez aux portraits des oyſeaux.

ĭ

F I N.

AV ROY.

SONNET DE G. AVBERT.

Bellon passant, Sire, par le trauers
  Des flots glacez, & des mers alterées,
  Pour embellir tes terres bienheurées,
  Aporte icy par maints aspres desers.
Ores des rocs les arbres tousiours verds,
  Or les poissons de leurs bleuës marées,
  Puis les oyseaux des celestes contrées,
  Ne laissant plus rien libre en l'vniuers.
De ses trauaux il remenace encores
  L'Inde emperlée, & les arenes Mores,
  Mais il ne peut plus rien sans ton secours.
Rechasse donc, Sire, celle souffrance :
  Ainsi tousiours la couronne de France
  Viue immortelle en ses rares discours.

Voy ce portrait, & ay qu'en le voyant
Tu vois encor de celluy la semblance,
Qui seul fait voir ores en nostre France,
Tout ce qu'en soy voit le ciel tournoyant.

PAR. G. A.

ANNO  ÆT.36.

VRAIS PORTRAITS D'OYSEAVX,

ANIMAVX, SERPENS, HERBES, ARBRES,
hommes & femmes d'Arabie & Turquie, ob·
feruez par P. Bellon du Mans.

LES DIFFERENCES DES OYSEAVX,
Du premier chapitre de leur hiſtoire.

'Enqueſte de la nature des
oyſeaux, nous apprend
leurs differéces eſtre non
moins admirable que des
beſtes à quatre pieds, et au
tres eſpeces terreſtres: car
qui voudra regarder à di-
uerſes parties de leurs va-
leurs pour la cõſeruation
de noz vies ou pour noſtre
nourriture, ne les trouuer-
ra de moindre excellence.
Parquoy tout ainſi que na
ture donna quatre pieds
aux beſtes terreſtres, & aux autres n'en donna aucuns, auſſi feit que
les oyſeaux en auroient deux pour ſe paiſtre ſur terre. Comme auſſi
les garnit de plumes pour ſe garantir volantes en l'air & là y chercher
leurs commoditez & euiter les iniures de leurs ennemis. Il y a principalement trois endroits ou les oyſeaux font leur demeure. Car ou
ils ſont de riuere, ou ſont terreſtres, ou ſont de foreſts & buiſſons.
Donc les voulans declarer, l'autheur en feiſt ſix diſtributions par ſix

ordres, pour enseigner leurs differences selon ce qu'ils sont disposez en
l'histoire & sept liures de leur nature, commença par les comparai-
sons de diuerses especes d'animaux, & leurs conceptions, & par la de-
finition des parties tant exterieures comme interieures, & par leur
anatomie, & par les principeles marques, qui les peuuët distinguer, &
par leur diuerse maniere de viure, par leur chãt & varieté de couleurs,
& en fin par les portraits d'vn chacun. Mais pource qu'ils prennët leur
origine des œufs, feist vn petit traicté qui enseigne leur nature. Des
oiseaux, les vns ont l'ongle croche & viuent de rapine. Des viuans
de rapine aucuns ne se prochassent que la nuit. Il y en a d'autres de riuiere dont les vns nagent sur l'eau & ont le pied plat & large, les autres l'ont fendu & estendu en longs doigts. Autres ne hantent que
les spacieuses campagnes, les autres ne sont trouuez sinon sur les montagnes, les autres sont trouuez es hautes fustayes, les autres es prairies
& taillis. Toutes lesquelles distinctions, sont trouuées escriptes plus
au long dans l'histoire & sept liures, là ou les oyseaux sont descripts.
Parquoy nous suffira maintenant noter en cest abbregé, enseignants
que la nature de chasque espece se rapporte & compare à l'autre. Il
y en a qui viuent seulets, les autres en compagnie, les vns sont plus
sauuaiges, & les autres priuez; les vns chantent beaucoup, les autres
ne sonnent mot. Et affin que nostre abbregé ne se trouuast rongné de
si pres qu'il y eust deffault, y auons inseré quelques discours choisiz de
diuers endroicts des chapitres de leur autheur, à fin d'en donner meilleure intelligence, comme chacun pourra apprendre par ce qui s'ensuit.
Il fault (dit il au troisiesme chapitre du premier liure de son histoire) mettre la consideration de toutes les parties des animaux tant simples que cõposez en auãt, à fin qu'il ne nous conuienne redire les choses
plusieurs fois, ioinct qu'il n'y eut onc philosophe, qui ait exactement
parlé de la nature des corps humains, que par la comparaison faicte de
iceux auec celle des dessusdits & des plantes, sçachans que pendant
qu'elles sont en vigueur, ont leurs effects comme les bestes terrestres,
leurs principes, aages & fin de mesmes, & d'estre sains & malades,
s'enuieillir & mourir. (Peu apres) Si donc le Philosophe ne s'estoit pro-
posé con-

posé contempler que la seule fabrique de l'homme & ame d'iceluy, pour
acquerir l'intelligence des susdites considerations, auroit-il si grande
occasion d'annöcer la puissance infinie de nostre dieu immortel? ne
quel moyen trouueroit il pour prouuer l'immortalité de noz ames? Par
quoy il n'y a rien plus beau en l'homme de quelque qualité qu'il soit, ne
qui le rende plus digne ou plus honneste & agreable à son dieu & luy
face mieux cognoistre la grandeur de ses œuures, que d'esleuer son e-
sprit en la contemplation des matieres, formes & actions des animaux
& plantes. Aussi est-ce le commencement, par lequel les philosophes
sont paruenux à la cognoissance des substances superieures, des corps
celestes & autres telles choses qu'on ne peult comprendre que par ima-
gination & longue obseruation d'iceux. Cest ce que dit saint Paul au
commencement de son epistre aux Romains. Les choses inuisibles de
Dieu faictes des la constitution du monde, ont esté cogneuës par les
choses visibles. (Peu apres dit) Nature cöcent aux oyseaux auoir ami-
tiez & inimitiez, concorde & discorde, que les Grecs nomment
sympathie et antipathie, desquelles à peine sçauroit on trouuer raison:
nöplus que de plusieurs autres choses dont tout le monde est en propos.
(Et au quatriesme chap. du mesme liure) Pource que la matiere de la
generatiö humaine, est si paisible & agreable à vn chacun, il n'y a celuy qui ne desire en sçauoir quelque chose, toutesfois il est mal aisé d'en
auoir si soubdaine intelligence, sinon par la comparaison d'icelle faicte
auec celle des autres animaux. (Peu apres dit) Mais cöme la varieté
des choses produictes en nature est cause d'attirer les personnes à diuerses estudes, aussi chacun s'adonne, ou il prend plus grande delectation.
Toutesfois pource que les choses que Dieu a faictes en nostre vsage sont
infinies, trop seroit difficille que chacun les puisse toutes cognoistre &
contempler, tant pour leur varieté, que pour la grandeur de l'ouurage.
(Et en l'vnziesme chapitre du mesme liure dit) Celuy qui vou-
droit ensuiure l'ordre de nature pour fabriquer & composer vn corps,
il luy conuiendroit commencer par les os, quasi comme donnant la matiere du premier fondement. (Peu apres) Et puis que trouuons merques qui nous enseignent la difference des oyseaux par leur exterieur,

tout ainſi on les trouuera differents par l'anatomie interieure. Et Ariſtote pour grand perſonnage qu'il fuſt ne dedaigna les regarder & les
eſcrire par le menu, lequel faiſant anatomie d'vn chacun y trouua
ſi grande vtilité qu'il nous a faict apparoiſtre beaucoup de choſes cachées en nature, dont luy meſme euſt eſté ignorant ſans telle obſerua-
tion. (Et au commencemét du douzieſme chapitre) Comme les oyſeaux
ſont de diuerſe nature (dit-il) auſſi ont les membres diuerſement fa-
çonnez: car comme l'exterieur monſtre les membres proportionnez ou
grands ou petits, auſſi les os, qui ſont le fondement de l'interieur enſuy-
uent ce qu'on voit de l'exterieur. (Peu apres) Qui prendra toute l'eſle,
ou la cuiſſe & iambe d'vn oyſeau & la conferera auec celle d'vn a-
nimal à quatre pieds ou d'vn homme, il trouuera les os quaſi corre-
ſpondens les vns aux autres. (Peu apres) Et pour en faire telle experien
ce que chaſque paiſant la puiſſe comprendre, & que ne perdions le
temps en l'explication des parties, nous nommerons chaſque os en particulier, & le confronterons auec ceux des autres animaux, & de
l'homme. (Peu apres il adiouſte) Nous voulons qu'on entende que met-
tons ceſte anatomie des os humains ſeulement en comparaiſon à celle
des oyſeaux, promettans faire tout de meſme des autres animaux,
chacun en ſon endroit en noz commentaires ſur Dioſcoride en ceſte
langue. Les anciens cötéplateurs des choſes naturelles (dit l'Autheur au
XXIII. chapitre) n'ont pas tranche les oyſeaux & faict anatomie des
poiſſons, ſerpents, & heſtes terreſtres, en eſperance de les medeciner:
mais ce a eſté à fin d'auoir meilleure intelligence de leurs actions. (Peu
apres) Et côme les hommes qui veulent apprendre les ſciences, ne peuuent rien ſçauoir ſans auoir la cognoiſſance des premieres lettres, tout
ainſi les idiots ne peuuent dire choſes plus haultaines que celles que leur
naturel leur a apprins. Qui leur parleroit des lettres A. B. C, & leur
demanderoit, pourquoy les vnes ſont nommées conſonantes, les autres
voyelles, & les autres muettes, ne ſçauroient que reſpondre: toutesfois
les voyelles ſont dites à cauſe qu'il fault ouurir la bouche & faire voix
en les prononçant: conſonantes à cauſe de quelque conſonance de ſon:
les muettes, dites en Latin mutæ, pour ce qu'en les prononçant, l'on
ne fait

ne fait aucune voix. Aussi dit-on mutire, pour ne sçauoir parler.
Nous trouuons diuers autheurs anciens & modernes, qui ont escrit
remedes des maladies des oyseaux: car comme les mareschaux sont tenuz pour medecins des cheuaux, aussi les faulconniers sont tenuz pour
medecins des oyseaux de proye, mais c'est pource qu'ils les ont en
charge. (Aussi dit au commencement de l'vnzielme chap. du premier liure.) Qui trancheroit le corps d'vn animal en pieces assez menues pour
les considerer, & les voulust nommer de nom propre, il ne sçauroit dire,
sinon les auoir mises en parties, ou simples ou composees: car s'il met vne
aelle, vne cuisse, ou vne teste à part, il l'appellera partie composee, estant
participante des os, chair, nerfs, cartilage, membrane, ligament, vene,
artere, & s'il depece la partie composee, & qu'il tire chacune chose sus-
dite à part soy, alors elle sera nommee part.e simple : car l'os, la chair,
le nerf, le cartilage, le ligament & autres, qui sont toutes parties simples, sont les principes & elements des bestes. (Peu apres) Puis que la
nompareille diligence & excellence diuine, n'a rien fait sans cause,
& qu'on doiue nommer superflu, lon maintiendra que l'obseruation de
l'anatomie des animaux n'est superflue & sans vtilité. Car comme
ainsi soit qu'il n'y ait aucune petite partie es corps des animaux, qui ne
soit faite à quelque vsage, & qui n'ait son office particulier, pour aider l'action de quelque autre, il appartient bien à vn homme soigneux
& curieux de science, de s'enquerir & entedre la conionction des parties simples & composees & productoins d'icelles.

**Vous trouuerez l'explication des lettres de
l'anatomie suiuante, amplement declaree
en leur histoire.**

a iij

L'amas de os humains, mis en comparaison
à l'anatomie de ceux des oyseaux.

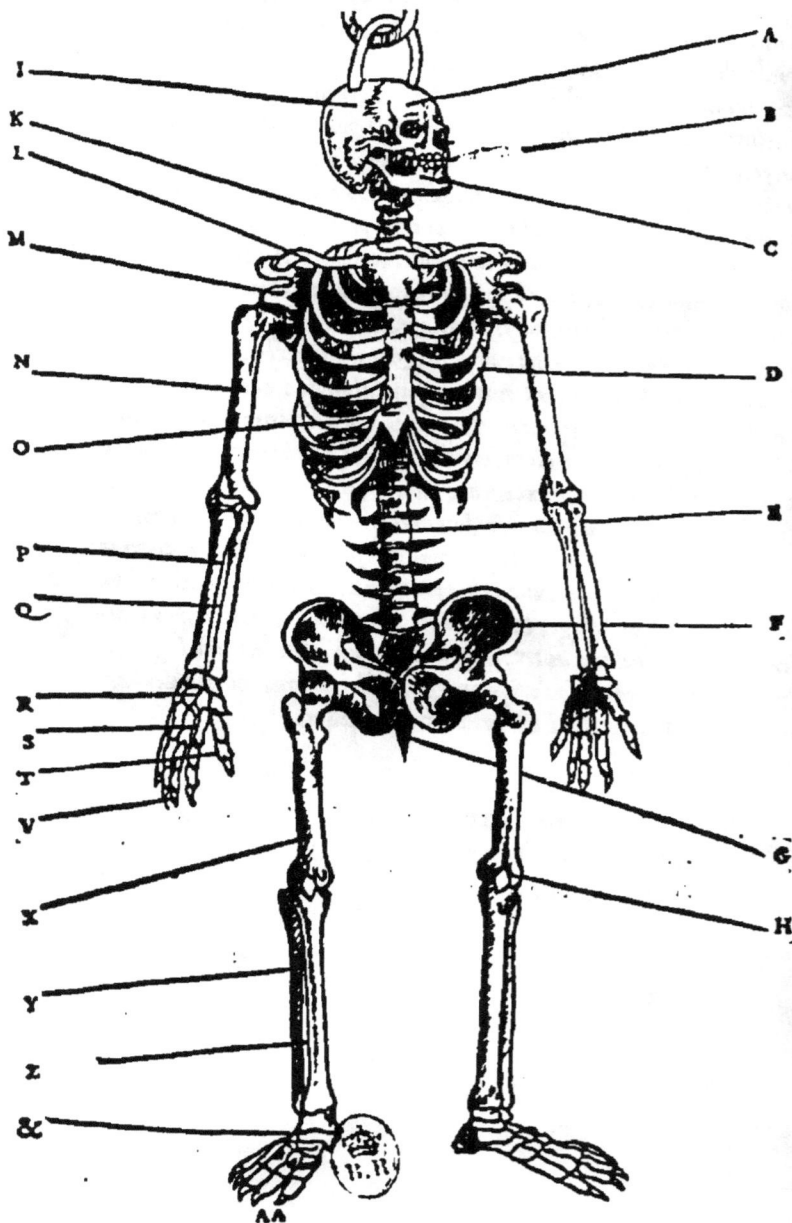

A
B
C
D
E
F
G
H

I
K
L
M
N
O
P
Q
R
S
T
V
X
Y
Z
&

AA

Des os humains la vraye pourtraiture
Soit des oyseaux mise en comparaison,
Et lon verra que non pas sans raison
En ses effaits se ioué la nature.

Anatomie des os d'vn oyfeau, mife en comparaifon à celle
de l'homme, pour monftrer l'affinité des deux.

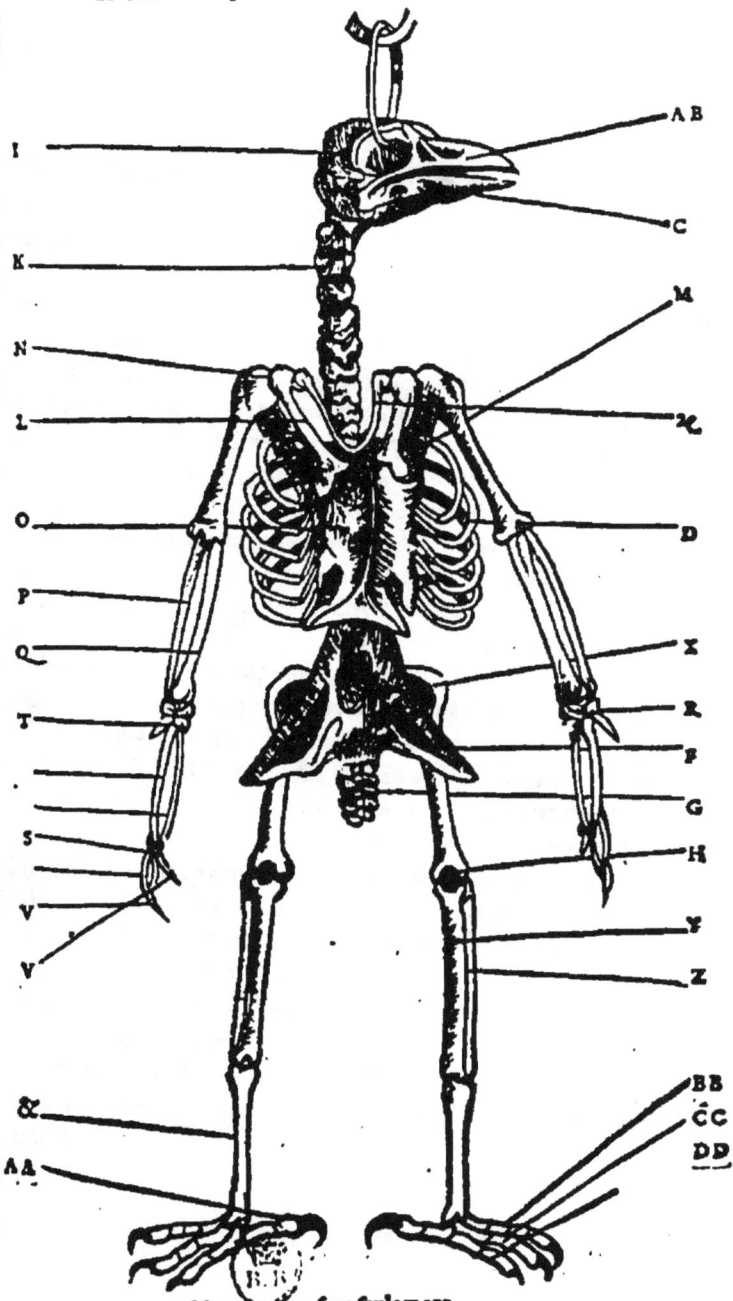

I
K
N
L
O
P
Q
T

S
V
V

&
AA

A B
C
M
X
D
X
R
F
G
H
Y
Z

BB
CC
DD

La fection d'vn oyfeau feulement
De tous oyfeaux l'interieur demonftre:
Bien que les vns foient de petite monftre,
Autres trop grands, autres moyennement.

Les principales enseignes données pour distinguer les oyseaux, prinses des meurs d'iceux, & de leur façon de viure.

Vi entreprendroit (dit l'autheur au second chapitre du premier liure) separer toutes les parties d'vn oyseau, cōmēceroit par ce qu'il trouue plus particulier en vn chacun, comme par vne plume, par vn bec, vn ongle: car teste, col, ælles, cuisses, iambes, pieds, peau, chair, os, & telles autres choses sont communes à tous autres animaux. (Et au cōmencement du XIII. chap·) Le bec, & les pieds, dit-il, sont les principales enseignes que les anciens autheurs ont choisi pour discerner les oyseaux. C'est de la dont les vns sont nōmez en Latin fidipedes, ayans les pieds fēduz, à la differēce des autres nōmez fteganopodes, et en Latin palmipedes, qui ont le pied plat: et les oyseaux de rapine, V ncungues, ayās l'ōgle crochu. Aussi la differēce des oyseaux prinse de leur demeure est biē requise pour leur dōner les surnōs propres. Ceux d'ongle croche viuās de proye, sont nōmez des Grecs sarcophaga, & des Latins carnivora. Ceux qui viuent de vermine Sculicophaga. Les autres viuās des semēses d'herbes espineuses acāruphaga, cōme qui diroit mangeans chardons. les autres scnipophaga, comme qui diroit mange mouches, les autres carpophaga, c'est à dire mange fruits, les autres viuans indifferamment de toutes choses, sont nōmez pamphaga. Des oyseaux les vns sont totalement passagers, les autres ne le sont pas, ayant vn certain temps deputé en l'annee de s'en partir d'vn païs & d'arriuer en l'autre, quasi cōme à iour nōmé. (Et au XIIII. chap.) Tous oyseaux n'ont mesme durée de vie: car il est manifeste que les vns viuent plus long tēps, les autres moins. Les palustres se lauēt d'eau & les terrestres se veaultrēt & se nettoyent auec de la pouldre. Les oyseaux se couchēt de bonne heure, ayans cela bon pour maintenir leur santé, qu'ils s'esueillent des le poinct du iour, à fin d'estre de grand matin en besongne, au prochats de leur vie, n'estoit que le mauuais temps les retardast. Aussi ont grande distinction touchant le boire: car les vns boiuent à grands traits,

les autres

les autres ne peuuent aualler l'eau s'ils ne haulfent la tefte apres l'auoir
prinfe, les autres mordēt l'eau en beuāt, les autres ne buiuēt point du tout.
(Et au XVII. chap. du premier liure·) A peine pourroit on trouuer
meilleur exēple pour faire apparoiftre la prouidēce de nature et la fageſ-
fe du fouuerain cōditeur tout puiffant, que en confiderant la nature des
oyfeaux: car ayans le printems determiné pour leur coniōnĒtion, ne les
uoyons tranfgreffer fon ordre & s'entrechercher, finon lors qu'ils doi-
uent faire leurs petits: tellement que fe tenant fidele compagnie, paffent
le refte de l'année fans fe conioindre.

La difference des voix des oyfeaux, prinfe de leur mouuement, en volant & marchant.

E voler des oyfeaux eft fait par mouuemēs , & le mou
uement eft fait par vn cōtraire qui luy eft repugnant en
force. Donc quelle rapugnāce trouue l'on en l'air à la for
ce de l'oyfeau? (Cecy eft du XV. chap. du premier liure)
Et peu apres.) Ariftote dit , que pour remuer l'vn de
noz membres il fault que l'autre demeure immobile . Nous ne fçau-
rions mettre vn pas en auant fans auoir l'autre pied coy, & à ferme
cōtre quelque chofe (Encor dit·) Ce n'eft dōc erreur croire qu'il n'eft au
cun mouuement perpetuel. La mer fe regorge contremont, & ce remue
inceffamment , toutesfois elle a deux pofees par chacun iour. Les ar-
teres des animaux batent tandis que l'animal a vie, fi eft-ce qu'elles
ont manifefte repos l'vn en l'eleuation, l'autre en la depreffion. (Encor
dit·) La forme fert beaucoup aux mouuemens tardifs ou viftes : car
comme le plomb, pierre, & tout metal peult nager fur l'eau s'il eft en
forme creufe : tout ainfi les oyfeaux pour leurs diuerfes natures volent plus pefamment ou plus legerement. Plufieurs en cheminant
vont toufiours les pas, les autres ne peuuent aller qu'en faultant, les autres en courant, les autres ne ceffent de voler, qui ne fçauent cheminer.
(Et au XVI. chapitre·) Il eft arrefté que la voix vient des poulmons,
on le prouue par ce que ceux qui n'en ont point n'en font aucune. Ce

b

n'est donc merueille si les oysillons sçauent si bien chanter.(Puis apres
dit·)Lors que le temps est serein & qu'il tombe quelque petite rosée
pluuieuse,& principalement au cœur du iour ,chasque oysillon se desgorge, & en tenant sa perche chante melodieusement.Et qui les oira
attentiuement,receuera vn parfait sentiment de la doulceur de leurs
chansons gratieuses,non moins armonieuse que le ronflement des nerfs
d'animaux estenduz sur diuers instrumens de musique ou d'vn vent
bien delicatement entonné es doulsines d'iuoire . Aussi est ce pour cela
que les artisans & bourgeon des villes n'ont chose pour recreer leur
esprit ennuié plus promptement que par le chant des oysillons qu'ils
nourrissent en cage.(Peu apres en la fin du mesme chapitre adiouste·)
S'il n'y auoit autre oyseau que le coq, qui chantast à nuict close, la
nuict & au point du iour, lon pourroit inuenter raison suffisante, qui
en prouuast la cause: mais sçachât que encor plusieurs autres chantent
la nuict & auant le iour, comme est l'Oye, les Garcelles, le Vanneau,
le Corlis, le Pluuier, la Grue le Rossignol de bois & de marais,la Perdrix,& infiniz autres, il nous est aduis qu'on n'en pourroit donner
autre raison, sinon qu nature l'a ainsi fait, les duuans de ce qu'elle
a voulu en cest endruit.

Qualité de la nourriture que noz corps reçoiuent des oyseaux.

Ly a grande varieté d'opinions sur les temperamens
que noz corps prennent en se nourrissant des oyseaux,
car il est à presupposer que les anciés Grecs en leur manger ont eu quelque maniere diuersé à celle des Latins, &
les Latins à la nostre.(Du XVIII.cha.du premier liure)
(Encor suit·) Nous voyós maintenãt les François ne conuenir en l'apprest des viãdes auec les Italiés,non plus que les Almants aux Espagnols, & ainsi des autres.(Peu apres·) Toutes especes d'oyseaux conferez aux animaux terrestres, sont de moindre nourriture , comme
estans plus faciles à digerer. Les saisons de l'année font les oyseaux plus
maigres

maigres ou plus gras, plus tendres ou plus durs, de meilleur goust ou
fade. (Encor dit.) Tous oyseaux encor ieunes font plus tendres & plus
humides, & par confequent plus glutineux & plusloft digerez. (Et en
la fin du mefme chapitre.) Nous nommons maintenant les iours maigres, quand lun ny mange rien de gras, qui eft à dire, viure de poiffon.
Car comme les Latins par les termes de leur religion ont le vendredi
& le famedi en la fepmaine, & les vigiles, & vn carefme par chacune année, tout ainfi les Grecs ont le mercredi en efchange du famedi.
Et nous ayans dedié les iours pour les viandes terreftres & volailles,
auons horreur de voir manger du poiffon es iours gras (Et au dix-
neufiefme chapitre) Quand nous voulons nourrir quelque oyfeau, nous
approchons le plus que nous pouuons de fon naturel: auffi les hommes
qui au regard des autres animaux ont election fur toutes les viandes,
fçauent nommer diuerfes faueurs fur les oyfeaux (Peu apres.) Et cöme
les beftes terreftres ont le groin, les oreilles, les pieds, le foye, les in-
teftins, le fang, auec diuerfes parties interieures: tout ainfi y a plufieurs
oyfeaux defquels lun acouftre les parties exterieures feparement. Le
ceruelle des oyfeaux eft d'humide confiftence & toutesfois celuy des
moineaux eft recommandé. Les icfiers font de bonne nourriture. (Et au
xx. chapitre.) Vn grand feigneur qui ne s'eft trouué viure entre les ta-
uernes & cabarets ignorera, comme le vulgaire les eftime. Car les
Goirans delicieux aux paifans de l'alimagne, d'Auuergne, ne paffent es feftins des gentils hommes, non plus que les oyfeaux de rapine tant de iour que de nuict. Les oyfeaux de pied plat font iugez de
chair excremeteufe, & de difficille digeftion, & principalement ceux
qui fe plongent, & de vray leur faueur fent la fauuagine: mais les oyfeaux, qui ont le pied fendu, encor qu'ils foient de marais, font es delices Françoifes, à l'exemple des Herons, Rales, Butors, & tels autres.
Les terreftres ont emporté le prix fur tous les autres, à l'exemple de la
Perdrix, Canepetiere, Oftarde, Faifant. Gråde partie de ceux du cinquief
me ordre font reiettez à l'exemple des Corbeaux, Hupes, P.c.. Ceux
du fixiefme ordre eftants petits oyfillons font tous bien receuz. (Et au
xxi. chapitre dit.) Voulons encor conferer noftre maniere de viure de

maintenant , & feruir à table auec celle des eftrangers , & rappor-
tants le tout à la maniere des anciens aurons plaifir de fçauoir l'eftima
tion fur la diuerfité des friandifes & viandes exquifes de leur temps.
(Peu apre.) Nous monftrerons que la couftume des païs, & l'opinion des hommes fait eftimer les viandes , & les aymer ou hayr
plus ou moins. (Peu apres.) Lors que la loy ne contraignoit les perfon
nes à eflire les delices en chair , en chofes venues de terre, ou en poiffon
pour les manger à iours deputez, les affemblées fe nourriffoient egale-
ment ou d'herbages , ou de chair , ou de puiffon.(Peu apres) Tels
font les propos es affemblées que les hommes qui y font : car entre
hommes de fçauoir, modeftes & d'authorité l'un n'y oyt que propos
de fcience, chofes d'eftat & de philofophie: toutesfois que le plus fou-
uent ceux qui fe penfent demiz dieux , & qui s'effaient de prononcer
en iuges, fe font mocquer d'eux : car encore que leur reuenu les main-
tienne en authorité, fi eft-ce qu'ils font fubiets au iugement de ceux qui
les oyent parler. Bien eft vray qu'il eft en leur puiffance de faire eftal-
ler à force viande fur table , & toutesfois il n'y a charcutier qui n'en
fift b.en autant , ains encor plus dextrement, s'il en auoit le reuenu.
(Peu apres.) Et difants librement felon noftre iugemens, penfons qu'il
eft hors de la puiffance des hommes , trouuer à peu pres plus de cinq
cents efpeces de poiffons, plus de trois cens fortes d'uyfeaux, & plus de
trois cents de beftes à quatre pieds,& plus de quarante diuerfitez de
ferpents, & plus de trois cents chofes propres à manger , iffuës des
herbes & arbres. Sçachäts mefmement qu'il y a plus de mil ans qu'vn
difcours tel que ceftuicy a efté mis en auant entre gents de fçauoir, côme il appert en Pline difant. Peracta aquitilium dote, &c. que intel-
ligantur animalia aquatilia centum feptuaginta fex omnium generum
effe,eáque nominatim complecti, &c.

Des au-

Des augures, aruſpices, & autres diuinations des oyſeaux.

V vingt-deuxieſme chap. du premier liure de l'hiſtoire de la nature des oyſeaux.) Il eſt quelque fois neceſſaire dire beaucoup, parlãt des choſes que le vulgaire eſtime petites, côme appert par les ſacrifices des anciens Augures, qui pretendoient diuiner les choſes futures pour auoir veu voler les oyſeaux. Leſquels voyans aduenir quelques choſes prodigieuſes, ou es elements, ou en l'eſtre de nature, principalement en l'air, en l'eau, ou en terre : comme quand il pluuoit des choſes mõſtrueuſes, ou que quelque feu ou nuée obſcure, fouldre ou tonnerre les auoir eſpouentez, ils ſe conſeilloient à aucuns diuinateurs ſur la matiere aduenue, qui faiſoient à croire qu'ils deuinoient par leurs ſciences, dont il y en auoit vne nommée Eromancie, Geomancie, Pyromancie, Hydromancie. (Peu apres) Suetone dit en Tibere, que Claudius Pulcher, capitaine Romain voyant ſes ennemis ſur mer, vouloit voir manger ſes oyſeaux : mais iceux le refuſants, les ietta en la mer en meſpris, à fin de les faire boire, puis qu'ils ne vouloient manger. Les anciens auoient non ſeulement couſtume de regarder les poulſins en guerre, mais auſſi en priué. L'office des Aruſpices eſtoit different aux Auſpices, comme il appert, parce que Tibere ordonna qu'on n'allaſt ſe conſeiller en ſecret & ſans teſmuings. Donc Aruſpicia, Auguria & Auſpicia tendoient à diuerſes fins, leſquels n'auoient non plus de certitude que la foy, que le vulgaire y adiouſtoit. (Peu apres) Cicero a eu bonne grace à la fin du premier liure de Diuination parlant des faulx diuinateurs, qui par moquerie ſuperſtitieuſe promettoient richeſſes & threſors à aucuns, qui toutesfois ſont touſiours pauures beliſtres, indigents & malheureux. (Et en la fin du chapitre) Somme (dit-il) que le monde n'a eſté ſans ſubtiles trôperies, en quelque maniere que ce ſoit aduenu. Et côbien que n'ayons ores de tels ouuriers, toutesfois il s'en trouue aucuns encor plus ſubtils, & qui promettẽt les royaulmes à ceux deſquels ils empruntent vn eſcu. Ce ſont noz abſtracteurs de la quinte eſſence, les faiſeurs de la pierre phi-

b iij

Infophale qui s'adreffent communement à ceux qui ont argent en bourfe & qui les croyent. Car fans la credulité & perfuafion que les riches ent de tel fçauoir, ils ne fe laifferoient tromper fi finement.

Extrait de la fin de la preface de l'hiftoire des oyfeaux.

Viconques vouldra confiderer la difficulté qui peult aduenir au recouurement de tant d'efpeces d'animaux, trouuera cefte diligence de grãd labeur, veu mefmement qui n'y a defcription ne portrait d'oyfeau en tout cest œuure, qui ne foit en nature & qui n'ait efté deuant les yeux des peintres. Voyla pourquoy plufieurs font demeurez fans portraits, ne les voulans fuppofer comme quelques modernes ont fait des animaux peints à difcretion, fans les auoir veuz. Soit mis le cas qu'vn oyfeleur porte deux douzaines d'oyfeaux en vne cage, ayans appellation Françoife, tous de differente efpece, poffible que de cent hommes il ne s'en trouuera deux, qui les fçachent diftinguer. Car eftans de mefme corpulence & compaffez les vns comme les autres, font difficiles à cognoiftre: & s'il y a fi grande affinité entre les naturels, comment les pourroit difcerner le lecteur fans la peinture? Qui coucheroit le portrait d'vn oyfillon, pourroit facilemẽt le faire feruir à trente autres, moyennãt qu'on y adiouftaft les couleurs propres. Car tous ont quafi les iambes, ongles, yeux, becs, & plumes de mefmes, et n'apparoiffent differents à la veuë qu'en la feule couleur. Donc le lecteur ne fe prenne à noz portraits mal mefurez, Car fi l'Autruche le plus grand des oyfeaux eft veu contenir mefme place qu'vn Flambant ou Heron, l'excufe y vauldra, entendu qu'vn Elephant bien portrait reduit à la corpulence d'vne moufche fe trouue reffembler au naturel & eftre toufiours recognu pour Elephant. Parquoy puifque à cest effait il a conuenu que l'oyfeau peint fuft fubiet au changement de l'ouurier, admoneftons le lecteur qu'il ait plus d'efgard à la defcription que luy en baillerons, qu'aux couleurs du peintre & traits du tailleur.

Le pre-

LE PREMIER OR-
DRE DES OYSEAVX AYANTS
LES ONGLES CROCHVZ, VIVANTS
de rapine, tant de iour que de nuict.

'Euſt eſté profaner choſes exquiſes, de les mettre en euidece, ſi l'Autheur n'euſt gardé ordre en les eſcriuant. Mais iceluy ayant moult biē pourueu, commence Lurs portraits par les plus grāds, viuāts de rapine, qui ont l'ongle crochu, en ſorte que lon n'y trouuera ouurage grifonné, qui ne ſente aſſeurāce nō d'vn perſonnage qui eſſaye à deuiner les figures à taſtons. Car quelle doctrine ſeroit-ce portraire vn oyſeau & le nommer en Francois ſans l'auctoriſer de nom ancien? Il s'eſt deporté d'y mettre Harpies, Chimeres, Pegaſes ou cheuaux à ælles, Sphinges, Cocatris, Salmandres feinctes, & telles autres controuuées à plaiſir. Toutesfois que comme il eſt ſeant au philoſophe eſtre docile, & ne s'opiniaſtrer en ſes arreſts, auſſi s'eſt-il ſubmis à changer d'opinion là ou on luy fera apparoiſtre du contraire, ou s'il en trouue autrement, ſçachant que chacun trouue aſſez de temps pour s'aduiſer des faultes. Les Vaultours ſeront auant les Aigles, comme e-

stants de plus grosse corpulence, desquels lon en peult ob-
seruer vn noir & vn faulue, puis suyuront l'Aigle noire & faulue, le Gerfault, l'Autour, le Sacre, & l'Egyptien,
le Faulcon, l'Espreuier, le Mouschet, l'Esmerillon, le Hobreau, le Lanier, le Tercelet, l'Orfraye, la Cresserelle, la
Buse, la Boudrée, le Goiran, le Faulx-perdrieux, Ian le-
blanc, les Pies griesches, & pour la similitude, le Coqu.
Aussi les oyseaux de nuit, l'Effraie, la Hulote, la Cheueche,
le grand & petit Duc, le Hibou, ou Chathuant, l'Ossifragus,
le Caradrias, le Corbeau de nuict, le Faulcon de nuict, puis
le Phœnix, oyseau estranger. Tous en general ne sont estimez
valoir beaucoup à manger : non que la chair en soit de trop
mauuais goust, mais pour n'estre en vsage. Les escripts font
mention de plusieurs autres, comme d'Immussulus & de
Saucalis & Incendiaria : toutesfois chacun aura asseuurāce
n'en voir aucun feint ne supposé, & qui n'ait esté deuant les
yeux du peintre, à l'experience de ce que encor pour le present ne seroit mal-aisé faire demonstration de leurs corps
embaniez.

GREC,

GREC, Γὺψ μείζων.

LATIN, *Vultur, Vultur magnum.*

ITALIEN, *Auoltoio, Auoltoio grande.*

FRANCOIS, *grand Vaultour.*

Le Vaultour est des oyseaux le plus grand,
Qu'ayons cogneu entre ceux de rapine:
Duquel la peau sert de fourreure fine:
Il vit de chair, & de proye qu'il prend.

c

GREC, τὸ↓ μυρεὶς ὶ ϵκλϵυκότιϵϛϛ.
LATIN, *Vultur alterum.*
ITALIEN, *Auultuio bianco.*
FRANCOIS, *Muien Vaultour, brun ou blanchaſtre.*

Le Vautour fait deux, ou bien trois petis
Dedans ſon nid, au deſſus d'vne roche,
Duquel à peine on pourroit faire approche,
Pour eſtre en lieu de couſtaux mal baſtiz.

Diuiſion

Diuision des especes des Aigles selon Aristote.

E seroit peu de tourner en Francois ce qui est escript des autheurs, ou en Grec ou en Latin, mais c'est beaucoup l'auoir signifié par demonstration. Donc specifiant les Aigles en Aristote ferons voir que la premiere fut nommée par les Grecs *Pigargus*: pource quelle a la queuë blanchastre. Cest elle (dit Aristote) que nous voyōs se tenir par les buissons, & au tour des villes: aussi est nōmée d'autre nom Grec *Neurophonos*, & en Latin *Hinnularia*: car se sentant gaillarde, & se fiant en sa force & vertu, mange les faons des bestes doulces tāt Cerfs que Cheureulx, Dains, & autres qu'elle trouue paissants es chaintres des pastiz. Nous pēsions cest Aigle estre l'oyseau que les Frācois nomment Ian-le-blanc: car il frequente aussi par les montagnes & forests. La seconde espece d'Aigle est surnommée de diuers noms Grecs. Car pour ce qu'elle a des taches en ses plumes, on la nommoit *Morphna* (dit Gasa) comme qui diroit *Næuia*. Aussi pource qu'elle se paist d'oyseaux de riuiere & de Canes, est nommée *Nittophonos*, qui est à dire anataria. On la nomme aussi *Planga* ou *Clanga*. Et nous est aduis que c'est elle qu'on nomme maintenant vn Gerfault. La tierce espece est nommée *melanoaëtos*, pour ce quelle est noire. Les Latins dient *Pulla* ou *Fuluia*, & pource qu'elle assault les Lieures, *lagophonos* & *Leporaria*: aussi est nommée *Valeria*. Et estant de

c ij

plus petite corpulence que les autres, est de grande vertu & bône nature. La quatriesme espece a la teste blanchastre, mais pource qu'elle a quelque similitude de Vaultour, fut ditte en Grec Coripelargos & Gipaetos, de nom composé, signifiant Aigle Vaultour, & aussi ayant des taches es alles Percnopterus, & estant criarde & lourde se complaint tousiours: aussi elle nous semble estre la Buse ou Cassard. La cinqiesme nommée Halietus hante les riuages des riuieres & lacs, & de la mer,& mange le poisson. Nous la nommons en Francois Orfraie. La sixiesme, comme estant la vraye & legitime espece, est nommée en Grec Gnisios & autremert chrysetos, & en Latin Stellaris: nous la nommons l'Aigle Royal, qui est celle dont baillerons le premier portrait.

GREC, Χρυσαιτὸς γνώστος.
LATIN, *Aquila stellaris , Chryfetos.*
ITALIEN, *Aquilo, Aquisla.*
FRANCOIS, *grand Aigle Royal.*

L'aigle Royal est oyseau souuerain
Sur tous oyseaux: qui cherche sa pasture
Loing de son nid: & meine guerre dure
Au Roytelet: mais en fin meurt de faim.

GREC, Μιλανσαιτὸς ἦ λαγωόντος.
LATIN, *Aquila Pulla, Fuluia, Leporaria, Valeria.*
ITALIEN, *Aguila, Aguista nera.*
FRANCOIS, *Petite Aigle noire.*

Ceste Aigle noire est moindre en corpulence,
Mais en vertu surmonte le Royal.
Elle est modeste & de plumage egal,
Chassant le Lieure & aymant le silence.

Aigle ayant ses aelles deployées.

L'Aigle fournit à ses petits pasture
Iusques à tant qu'ils puissent bien voler:
Puis ell'les faict hors du païs aller,
Craignant auoir default de nourriture.

GREC, Μορφνὸς.νᾶἱ τοφόνος ἢ πλάγχος.
LATIN, *Aquila anataria, Clanga, Planga, Morphnus.*
ITALIEN, *Aquilaſtro, Girfalco.*
FRANCOIS, *Gerfault.*

Hardy de cœur, beau deuant & derriere,
Puiſſant en corps, & fier eſt le Gerfault:
Auquel prudence & force ne deffault
A pourſuyuir les oyſeaux de riuiere.

GREC, Ἀλιάετος.
LATIN, *Aquila marina.*
ITALIEN, *Aguista piombina.*
FRANCOIS, Orfraye, ou bien *Aigle de mer.*

L'Orfraye met du Soleil vis à vis
Tous ses petits: & si quelcun refuse
Le regarder, est putty sans excuse:
S'il gette larme, il est soudain occis.

d

GREC, γλαΐκ.

LATIN, Ossifragus, Aquila barbata.

ITALIEN, Aguisla barbata.

FRANÇOIS, Aigle barbue, ou bien quelque espece de Vautour.

Cest oyseau sert à guarir la grauelle,
Sa veuë est courte & ne va que de nuict,
Bening il est, & à l'Aigle ne nuit,
Mais ses petits nourrit delaissez d'elle.

GREC, Περκόπτερος.

LATIN, Subaquila, Aquila vulturina, Oripelargus, id est, Ciconia montana, Percnopterus.

FRANCOIS, Buse, ou Busard, ou Cassard.

Le Busard est mald droit de nature,
Lasche, couard, & qui tousiours a faim,
Criard sans cesse, & grand de corps en vain.
Des oyseaux d'eau, & Connins fait pasture.

d ij

GREC, Φριμολόγος.
LATIN, Accipiter Rubetarius.
FRANCOIS, Coiran, Boudrée.

La Boudrée est fort cogneuë en Auuergne,
Bonne à manger : bien que pour ses repas
Rats & serpents ell' ne refuse pas,
Et ny lezarts, ny grenoilles espergne.

GREC, Πύγαγγος

LATIN, *Pygargus.*

FRANCOIS, *Ianleblanc, Oyseau saint Martin.*

C'est *Ianleblanc,* ou l'oyseau saint Martin,
Qui va rauir les poulles es villages,
Prend les oyseaux & les connins sauuages,
Volant par bas du soir & du matin.

d iij

Des oyseaux de pròye seruants à la fauconnerie.

N'est-ce pas labeur sur labeur, chercher encor vne chose plus laborieuse? C'est que apres auoir eu grand peine à recouurer l'oyseau viuant pour le mettre en portrait et le descrire, encor a esté autre plus grãde peine de trouuer vn nom anciẽ tel qui luy soit conuenable. Voila pourquoy l'autheur s'excuse de n'auoir eu moyen ne aide, sinon de sa coniecture. Nous desirons (dit-il au dixhuitiesme chapitre de son second liure) que nostre ignorance en l'art de fauconnerie puisse esmouoir quelques meilleurs fauconniers de ce temps cy ou autres, qui viendront apres nous, es mains desquels paruiendra cest œuure, qui se mettent en deuoir descrire des oyseaux de rapine & fauconnerie plus exactement que nous. Si noz fortunes nous eussent permis la puissance d'y auoir peu faire despense competente, selon la diligence de nostre labeur, n'eussions eu que faire de nous excuser des portraits mal proportionnez, Parquoy leur remonstrons qu'vn homme quelque diligent qu'il puisse estre, entreprenant ouurage de si grande despence ne le peult parfaire s'il n'a moyen d'y employer plus que son labeur. (Et au treziesme chapitre du second liure) Faulconnerie est vne science maintenant si fort anoblie, que les grands seigneurs se la sont voulu dedier & reseruer pour leur passe-temps, tellement que la noblesse Francoise est reduicte à ce point, qu'apres les armes, il n'est rien plus haultain que de la sçauoir, auec la venerie.

Portrait d'vn Fauconnier, qui leurre vn oyseau de proye.

Noble science est la fauconnerie,
Qui par grand art les oyseaux leurre & duit,
Les grands seigneurs & roys pour leur deduit,
Vouée l'ont seule à leur seigneurie.

GREC, Τριόρχις.
LATIN, Buteo.
ITALIEN, Sacro.
FRANCOIS, Sacre ou Sacret.

A quel oyseau de proye pourroit conuenir ce qu'Aristote attribue au Buteo, d'estre si vaillant & hardy & estre
nommé le premier en son genre, sinon au Sacre? Accipitrum
primum genus (dit-il) viribúsque valentissimum triorchis
à numero testium nuncupatus. Voyez donc primum genus viribúsque valentissimum. Ce n'est donc le Busard.

Le Sacre est fort, & de hardy courage,
Et aux oyseaux petits benin & doux:
Contre les fiers il monstre son couroux.
Estrange au reste, & oyseau de passage.

ATIN, *Accipiter Aegyptius.*

RANÇOIS, *Sacre d'Egypte.*

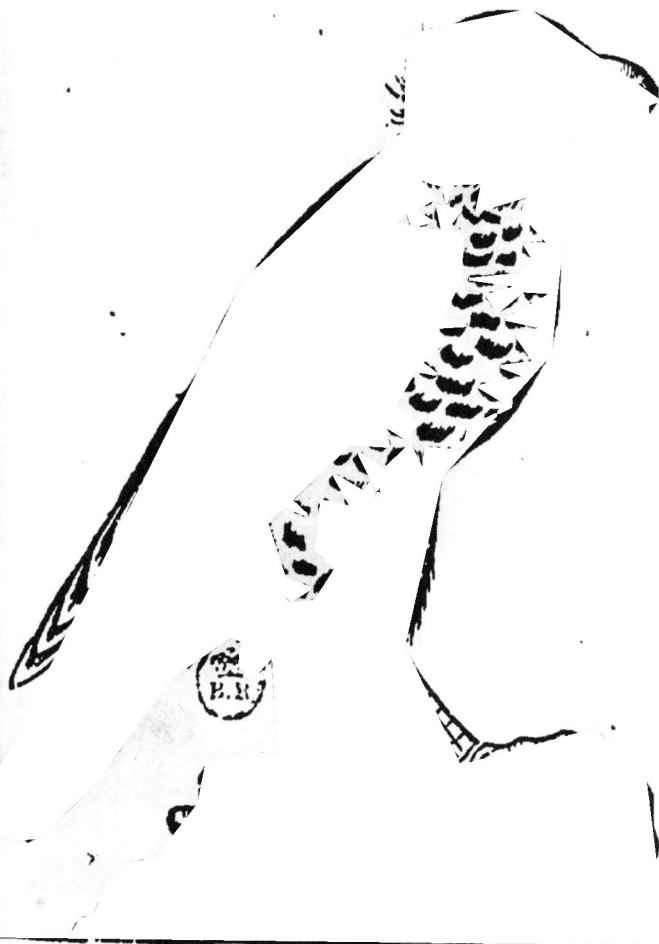

Ceste espece d'oyseau est mal net, viuant de charongne au païs d'E-
pte, parquoy la loy du païs deffendoit anciennemẽt qu'on ne le tuast.

Voy le portrait du Sacre Egyptien,
ui de serpens tire sa nourriture.
ue si quelcun le tuoit, la mort dure
ur le venger estoit vn seul moyen.

GREC, Ἀστερίας ἱέραξ.
LATIN, *Accipiter stellaris.*
ITALIEN, *Astura.*
FRANCOIS, *Autour.*

L'Autour est plus, que son Tiercelet, grand.
Le Tiercelet est masle, & sa femelle
Se nomme Autour, de forme & couleur belle,
Et bons, à qui les bien duire entreprend.

GREC, | φασσοφόνος ἱέραξ.

LATIN, *Falco, Accipiter, palumbarius.*

ITALIEN, *Falcon.*

FRANCOIS, *Faucon.*

Le Faucon est courageux à la proye,
Leger au vol sur le Heron ou Grue,
Dessus lesquels tellement il se rue,
Qu'il les abbat, auec la sauuage Oye.

e ij

GREC, Ἱπποίοφχος.
LATIN, *Subuteo.*
FRANCOYS, *Hobreau.*

Le Hobreau *suit les chasseurs d'assez loing:*
Puis quand il void, que les chiens de la trace
Ont fait lever quelque oyseau, il le chasse.
Il est oyseau de leurre, & non de poing.

GREC, Λῖσς.
LATIN, *Leius accipiter.*
ITALIEN, *Smerlo, Smeriglio.*
FRANCOIS, *Esmerillon, Emerillon.*

L'Esmerillon beau par extremité
A le cœur gay, & fort hardy courage:
Et bien qu'il soit petit, si fait-il rage
A poursuyuir sa proye en gayeté.

e iij

GREC, Σπιζίας ίιεαξ.
LATIN, *Accipiter, Fringillarius.*
ITALIEN, *Sparuiero, Sparauiero.*
FRANCOIS, *Espernier, Esparuier, le masle est nommé Mouschet.*

Les Esperuiers, soient Niaiz ou Ramages,
Ou bien branchers, ayment bien les Pinssons:
Et sont couuerts en diuerses facons
De beau plumage, & ce selon leurs aages.

GREC, Κεγχλίς.
LATIN, Tinnunculus, Cenchris.
ITALIEN, Foutiuento, Canibello, Triftinculo.
FRANCOIS. Cercerelle, Quercerelle, Crefferelle.

Mulots, Lezars, Rats, & autre vermine.
Sont la viande à noftre Crefferelle.
Elle eft amye auec la Colombelle,
Qu'elle deffend des oyfeaux de rapine.

LATIN, *Collurio minor.*

ITALIEN, *Falconello.*

FRANCOIS, *Pie griesche grise.*

Ceste Pie est la moindre de corsage:
Au demeurant, elle vit de Souris,
Rats & Mulots, qui sont par elle pris
Parmy les champs, gastans bled & fourrage.

GREC, Κολλυρίων.

LATIN, *Collurio.*

ITALIEN, *Rezeſtola, Falconiera, Gaza, Speruiera, Gaza marina, Paſſera, Gazera, Fulcunello.*

FRANCOIS, *Pie grieſche, Pie eſcrayere, Pie aucrouelle & Sauoyen, Maragaſſe, Arneas.*

Voy le portrait de la Pie grieſche,
De laine & poil qui baſtit ſa maiſon.
Oyſeau de cœur, & hardy par raiſon,
Duquel le chant oyſeaux à ſoy alleſche.

f

GREC, Ικτινος.
LATIN, Miluus, Miluius.
ITALIEN, Nichio, Miluio, Nibbio, Nigro.
FRANÇOIS, Milan, Huau, Escoufle.

Le Milan est oyseau de proye estrange,
Qui vole hault & n'a pas le corps beau,
Au fier combat il tire le Corbeau,
Et les poußins des villages il mange.

GREC, Ἰκτῖνος αἰώλιος.
LATIN, *Miluus œlius.*
ITALIEN, *Nibbio nero.*
FRANCOIS, *Milan noir.*

GREC, Κόκκυξ.

LATIN, *Cuculus*, *Coccyx*.

ITALIEN, *Cucculo*, *Cucco*, *Cuco*, *Cucho*.

RANCOIS, *Cocou*, *Coqu*.

Le Coqu est de tous oyseaux hay,
Parce qu'au nid des autres il va pondre,
Par cest oyseau fauls les amans semondre,
Qu'aucun mary par eux ne soit trahy.

L'extrait

Du Phœnix.

L'extrait du trente-cinqiesme chapitre du sixiesme liure de l'histoire des oyseaux, demonstre assez que l'Autheur a entēdu de ce portrait en faisant mētiõ du Phœnix, que i'ay fait extraire des portraits de M. Gesnerus Almant. Pour prouuer qu'Aristote ait cognu cest oyseau (dit nostre Autheur) mettrons ce qu'il dit au premier chapitre du premier liure des animaux • Animal quod volucre tantum sit, vt piscis natabile, nullum nouimus. Chacun peult voir le plumage de ce bel oyseau estranger, assez commun dedans les cabinets des grands seigneurs, tant de nostre France, que du païs de Turquie, qu'estimons estre ledit Phœnix• C'est grand chose (dit-il en autre endroit), que Aristote, qui a veu les liures d'Herodote, qui auoit escript de ce Phœnix, de n'en auoir voulu faire aucune mention. Mais Pline a tout prins ce qu'il a escript du Phœnix, des liures d'Herodote.

f iiij

Tant hault en l'air ie me pais de rosée,
Qu'impossible est me pouuoir vif auoir,
Ny mesmement qu'apres ma mort me voir.
Voila comment ma vie est composée.

Le Phœnix selon que le vulgaire a coustume de le
portraire.

O du Phœnix la divine excellence!
Ayant vescu seul sept cens soixante ans,
Il meurt dessus des ramées d'ancens:
Et de sa cendre vn autre prend naissance.

Ature fauoriſant les beſtes à ſon plaiſir,
a voulu que les vnes euſſent le iour à
ſe paiſtre, & les autres la nuiĉt, dont
il ne ſemble aiſé d'en pouuoir rendre raiſon pour oyſeaux de nuiĉt, enten
dons ceux dont Ariſtote a fait men-
tion, & deſquels en trouuons dix eſpeces differentes en ſes
eſcripts, Niĉticorax, Glaux, Bias, Eleos, Aegolios, Scops,
Phinis, Otus, Aegotilas, Charadrios, autrement dit Rupex,
& poſſible que Aegocephalus en eſt & Aſcalaphus : Aluco (dit-il) eſt auſſi grand côme vn cocq, & Vlula auſſi grand
comme luy. Tous deux ſe paiſſent des Pies, qu'ils prennent
la nuiĉt. Aſio (dit-il) eſt moindre que Noĉtua. Leſquels
trois Aſio, Vlula, & Aluco s'entre reſſemblent, & viuent
de chair. Auſſi a dit que Bubo n'eſt moindre qu'vne Aigle.
Mais c'eſt tout vn de dire Aſio & Eleos, comme auſſi eſt
tout vn de dire eſtre plus grand que vn Cocq, ou dire eſtre
de la groſſeur d'vne Aigle. Ces oyſeaux donnent admira-
tion d'eux de ce qu'on leur voit leurs yeux changer de diuer
ſes couleurs, choſe qui n'aduient es beſtes à quatre pieds. Car
encor que diuerſes eſpeces des terreſtres ſe pourchaſſent la
nuiĉt, ſi eſt-ce que encor voient mieux de iour que de nuiĉt.
Le grand & le petit Duc, & la Hulote, la Cheueche &
les Hiboux & l'Effraie ſont cognuz de chaſque paiſant.
Theodorus traduiſant Scops, la tourne Aſio, & pour Bias,
Bubo.

GREC,　*Bůas.*

LATIN,　*Bubo.*

ITALIEN,　*Duco, Dugo, Buso.*

FRANCOIS,　*Duc, Chathuant, Hibou.*

Le Duc est dit comme le conducteur
D'autres oyseaux, quand d'vn lieu se remuent.
Comme Bouffons changent de gestes, & muent,
Ainsi est-il folastre & plaisanteur.

g

GREC, ὦτος.
LATIN, Afio, Otus.
ITALIEN, Duco cornuto.
FRANCOIS, Moyen Duc, Hibou cornu.

Le moyen Duc, ou bien Hibou cornu;
Comme le Duc par fatyrique gefte
Donne plaifir, & a cornes en tefte.
Aux monts d'Auuergne il eft affez cognu.

GREC, Ἐλεός.

LATIN, *Aluco.*

ITALIEN, *Aluco, Barbaiani.*

FRANCOIS, *Hibou, Chathuant, l'on dit auſſi vne Dame.*

Le Chathuant, ou Hibou, de la teſte
Imite & fait les geſtes d'vn danſeur.
Son gouſier eſt tant large qu'il eſt ſeur
D'aualer vif vn Rat, ou telle beſte.

g ij

Le portrait du petit Chathuant plombé, assez commun en Loraine.

Ceste figure du petit Chathuant plombé auoit quelquesfois fait penser à l'Autheur que ce fust Aegothilas, toutesfois
ayant recouuré la vraye figure du Caprimulgus, auant son
depart, l'ay fait changer pendant son absence, car aussi bien
l'auoit-il ainsi deliberé.

GREC, Γλαύξ.
LATIN, *Noctua, Vlula.*
ITALIEN, *Vlula.*
FRANCOIS, *Cheueche, Grimault, Machette.*

La Cheueche a les deux iambes pattues,
Les pieds peluz, & les doigts my-partiz,
La queuë courte: au reste mal bastiz
Sont yeux, & teste & ses pattes pointuës.

g iiij

GREC, Ἀιγώλιος.

LATIN, Vlula, noctuæ genus paruum.

ITALIEN, Ziuetta. Zuzetta, Zignetta.

FRANCOIS, Huette, Hulotte, Chouette, aucuns la nōmēt petit Duc.

Vne Huette est petit Duc nommée,
Pour ressembler au grand Duc, & moyen
Entierement . De vray elle n'a rien
De different, mais est ainsi formée.

GREC, Αἰγωλιος.
LATIN, Strix. Caprimulgus, Fur nocturnus.
FRANCOIS, Effraye, Frezaye.

Le hideux cry de la Frezaye effraye
Celuy qui l'oit: elle vole de nuict,
Et à tetter les Cheures prend deduict.
T'esbahis-tu s'elle se nomme Effrayes?

GREC, Νυκτερίς.
LATIN, *Vespertilio.*
ITALIEN, *Nittola*, *Sportegliono*, *Rattopentago*, *Babastello*,
Pipistrello, *Vilpistrello.*
FRANCOIS, *Chauue-souris.*

La Souris chauue est vn oiseau de nuict,
Qui point ne pond, ains ses petits enfante,
Lesquels de laict de ses tetins sustante.
En petit corps grande vertu reluit.

FIN DV PREMIER LIVRE.

Le second

LE SECOND ORDRE DES OY-
feaux de riuiere, qui ont le pied plat.

Pres les oyfeaux de proye à peine s'en trouuera des terreſtres de plus grande corpulence que ceux de riuiere, qui ſont de pied plat. L'Autruche, l'Oſtarde, les Cocs ſauluages & pluſieurs autres terreſtres ont la corpulence aſſez grande, toutesfois trouuerons lieu de parler des vns apres les autres. Donc voulant deſcrire les oyſeaux de riuiere, qui ont le pied eſtendu en membranes, & trouuants que noſtre maniere de parler Francois ne peult naïfuement exprimer la diction Latine Palmipes, l'auons dicte par circölocution de pied plat: comme auſsi pour Auis aquatica ou paluſtris, oyſeau de riuiere & marais, y comprenant tant ceux d'eau doulce, comme le ſalté, ceſt à ſcauoir qui ſcauent nager par deſſus l'eau. Le Cygne eſt l'vn des plus grands. L'autre d'apres eſt le Pelican ou Libane, & en Latin Onocrotalus. Les Oyes domeſtiques, & priuées, le Crauaut, le Bieure, les Canards & Canes, le Cormarant, les Plongeons de mer, & de riuiere, le Herle & les Sarcelles, Caniards, Mouettes, Grifards, Piettes, Tadornes, Poulles & poullettes d'eau. Tous

b

lesquels estants palustres sont nommez Aues lotrices. A u
contraire des terrestres, qui se veautrent en la pouldre, &
qui sont terrestres nommez Puluératrices aues. D'autre part
outre que ceux cy nagent sur l'eau, aussi se plõgent pour pren
dre pasture iusques au fond, & se tiennent leans, iusques à ce
que l'alene leur defaille, pour venir reprendre d'autre air. Pi-
phex, Brenthus, & Harpa, sont aussi de ceste ordre comme
lon voirra par leurs portraits.

GREC, Κύκνος.

LATIN, Cygnus, Cycnus, Olor.

ITALIEN, Cino, Cigno, Cesara.

FRANCOIS, Cyne, Cygne.

Beauté, bonté, force & cœur sont au Cygne,
Qui es estangs & riuieres demeure,
Et doucement chante, auant qu'il se meure:
Qui est pour l'homme enseignement insigne.

h ij

GREC, Oἰ πελεχᾶνος.
LATIN, *Pelecanus, Platea, Platalea.*
ITALIEN, *Agrotti.*
FRANCOIS, *Pelican, Liuane*

Du Pelican l'amour est si extremé,
A ses petits, qu'il se donne la mort
Pour les nourrir . Il fault auoir remord'
Que Iesus Christ pour les siens feit le mesme.

GREC, χλυ.

LATIN, *Anser.*

ITALIEN, *Papara,Ochio,Ocha.*

FRANCOIS. *Oye,Iars,Oye sauuage.*

Vn chacun peult l'Oye & le Iars cognoistre,
Comme doulce est son inclination,
Et qu'à son sieur porte vne affection,
Vn seruiteur doit reuerer son maistre.

b iij

GREC, Χηναλώπηξ.

LATIN, *Vulpanser.*

FRANCOIS, *Oye nonnette, Crauant.*

Quand du Crauant les petits on poursuit,
Il fait semblant se vouloir laisser prendre,
Faignant auoir rompue l'aelle tendre:
Puis quand ils sont eschappez, il les suyt.

GREC, Νῆττα.
LATIN, *Anas.*
ITALIEN, *Anatre, Anadre, Anitra.*
FRANCOIS, *Canard, Cane.*

Tout aussi tost que la Cane est esclose;
Ell'saulte en l'eau, mesmes s'elle est couuée
Par vne Poulle. Et est chose approuuée,
Qu'vn naturel surpasse toute chose.

GREC, Τείπτ Χίος κολιῶι.

LATIN. *Coruus aquaticus. Albert le nomine Carbo aquaticus, &*
Alerg. is magnus niger.

ITATIEN, *Coruo marino.*

FRANCOIS, *Cormarant.*

Le Cormarant eſt oyſeau bien cognu,
Hantant les eaux tant douces que ſalées,
C'eſt luy par qui riuieres ſont pillées,
Et des eſtangs l'annuel reuenu.

GREC, Κάστωρ ὄρῃ.
LATIN, *Fiber, Caſtor ales.*
FRANCOIS, *Bieure.*

Le Bieure ſçait aux eſtangs ſe plonger,
our le poiſſon, auquel eſt dommageable.
Mais qui vouldroit feſtoyer vn diable,
Fauldroit vn Bieure auoir pour ſon manger.

i

GREC, *Traduxit:*
LATIN, *Glaucion, Glaucus.*
FRANCOIS, *Morillon.*

Le Morillon se nourrist pres de l'eau,
D'herbe & poisson: lequel fort bien ressemble
A vne Cane, & mesmes il me semble,
Qu'ils sont tous deux vne espece d'oyseau.

GREC,   Μ Ττα πιεπζαπψη'α
LATIN,   Anas fera, torquata, Boscu maior, felon A.hinæu.
ITALIEN, Cefon.
FRANÇOIS, Cane au colier blanc, Cane de mer.

Cane de mer, ou Cane au colier blanc
Approche fort aux meurs & corpulence
De noftre Oyfon. Elle d'acouftumance
Ayme la mer, & non point l'eau d'iftang.

                              i ij

GREC, Ἄ₵π.
LATIN, *Larus maior, Gauia maior, & Harpa.*
ITALIEN, *Gauia, Gauina.*
FRANCOIS, *Caniard, Grisard, Colin.*

Il y a difference entre *Harpa & Harpia.* Cestuicy estant moult
gourmand, il se debat auec le *Milan,* & cōbat aussi contre les *Mouettes, Plongeons & Canes,* & fait son nid es rochers le long du riuage.

Le Grisard suyt le Dauphin, seulement
Pour attraper, par son moyen, pasture.
Il est gourmand & a la peau fort dure,
Pres l'Ocean il vit communement.

GREC, Λάρος πoδoειδής.

LATIN, *Larus cinereus, Gauia cinerea.*

ITALIEN, *Galedor, Galetra.*

FRANCOIS, *Mouëtte cendrée, Gauian, Glammet.* En Sauoye
elle est nommée *Grebe, ou Griaibe, Begue, Heyron.*

Tellement est la Mouëtte criarde,
Que qui vouldroit les babillards reprendre,
Dire fauldroit que la Mouëtte engendre,
Tant crie hault lors que ses petits garde.

i iij

GREC, Ὄρνις.
LATIN, *Brenthus.*
ITALIEN, *Gauina marina.*
FRANCOIS, *Hirundelle de mer.*

Les pieds plats de ceſte eſpece de petite Mouëtte teſmoi-
gnent qu'elle eſt de riuiere. Lors que les Mouëttes blanches
ſont departies, elles viennēt de la mer aux riuieres, & ſe laiſ-
ſants tomber de hault prennēt les poiſſons entre deux eaux.
Elles ſont ſemblables aux plus-grands mouſtardies nōmez
Arbaleſtriers, voila pourquoy on les nomme Hirundel-
les de mer. Il y a vn autre oyſeau nommé Brinthus, dont eſt
faicte diſtinction comme n'eſtant de riuiere, & different à
Brenthus.

GREC, Φαλαρίς.
LATIN, *Phalaris.*
FRANCOIS, *Piette.*

A tous oyseaux de riuiere differe
Ceste Piette. Elle a le bec estroit
Et comme rond: bref, presque en tout endroit
Est ressemblant à la Pie ordinaire.

FRANCOIS, *Tadorne.*

Cest oyseau cy est appellé Tadorne,
Qui rarement se voit en nostre France:
Plus qu'vn Grisard est gros en corpulence.
Ses couleurs sont, blanc, noir, roux, pale & morne.

GREC,   Νῆττα λιϐίκή.
LATIN,   Anas Lybica.
ITALIEN, Anatre del Lybia.
FRANCOIS, Cane de la Guinée.

De cest oyseau le membre genital
Est gros d'vn doigt, de la longueur de quatre.
Sa couleur est puis blanche, puis noirastre:
Voyla en quoy il se ressemble mal.

k

GREC, Βόσκας.

LATIN, Boscas, Phoscas, Querquedula.

ITALIEN, Cercedula, Cerceuolo, Scauolo, Garganello, Garganei, Sarcella.

FRANÇOIS, Sarcelle, Cercelle, Cercerelle, Alebrande, Garsote, Halebran.

Bien peu souuent se plonge la Sarcelle
Entre deux eaux, de laquelle la chair
Est delicate : aussi couste-elle cher
Autant qu'oyseau, qui soit petit comme elle.

LATIN, *Mergus minor.*

FRANCOIS, *Castagneux, Zoucet, petit Plongeon.*

De cest oyseau les plumes imparfaites
Font qu'à l'Ooyson esclos nouuellement
Est fort semblable. Il mange seulement
Petits poissons, Espellans, & Cheurettes.

k ij

GREC, Ὀυεία.

LATIN, *Colymbus maior, Vria vel Vrinatrix maior, Pygoscelis maior.*

ITALIEN, *Sperga, Lurár.*

FRANCOIS, *Plongeon de riuiere, Loere en Sauoye.*

Estant du tout le Plongeon aquatique,
Ses membres sont à marcher imparfaits.
Le tout puissant, qui luy & nous a faits,
Diuersement ainsi ses dons applique.

GREC,   Αἴθυα.

LATIN,   Mergus, Colymbis, Colymbus minor, Vria vel vrinatrix
minor, Pygoscelis minor.

ITALIEN,   Trapazorola, si Zauola.

FRANCOIS,   Plongeon de mer

Plongeon de mer au Plongeon de riuiere
Est fort semblable en figure & en corps,
Et n'ont entre eux contrarieté, fors
Qu'à leur demeure & place coustumiere.

k iij

GREC, κιθθος.

LATIN, *Fulica, Pullus aquæ.*

ITALIEN, *Folega, Polon, Pullum.*

FRANCOIS, *Poulle d'eau, Foulque, Foucque, Foulcre, Diable de mer, Iodelle, Ioudarde, Belleque, Macroule.*

La Poulle d'eau, & Poulle domestique
Sont tellement de figure semblable,
Que rien n'y a quasi de dissemblable.
L'vne est priuée & l'autre est aquatique.

Bec d'vn oyseau aquatique apporté des terres neufues.

Si quelqu'vn auoit fait vn corps d'oyseau à ce bec sans a-
uoir grosseur suffisante, qu'on le iuge fait à discretion, car
nous l'auons mieux aymé laisser ainsi, que luy en feindre vn.

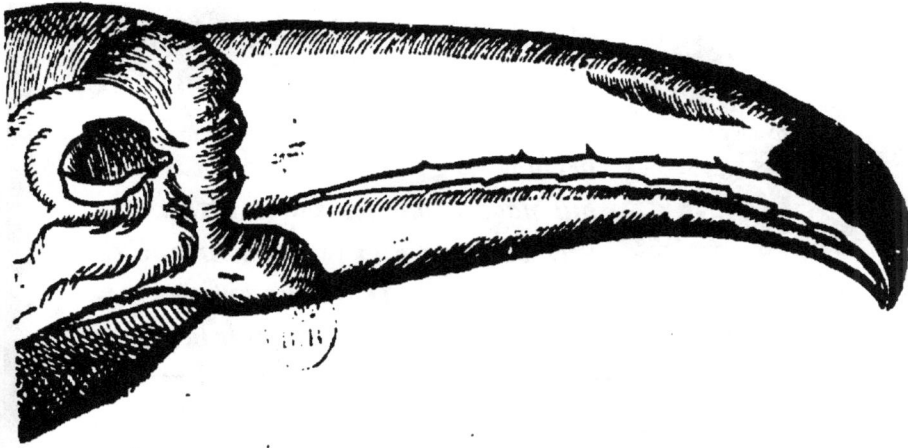

Ce bec est gros comme le bras d'vn enfant,
Creux par dedans, transparent comme verre,
Tenue & leger, venu d'estrange terre,
Noir par le bout, & blanc au demeurant.

FIN DV SECOND LIVRE.

A diſtinction des oyſeaux de riuiere eſt
entre ceux qui nagent ſur l'eau & ſe
plongent, & les autres qui ont les iambes longues & le pied fendu : car ceux
qui nagent ont les doigts attachez à
membranes & la iambe courte. C'eſt
vne conſideration d'experience euidente voir les oyſeaux pa-
luſtres de pied fendu auoir cuiſſes, iambes, doigts le bec & le
col longs. Et pour auoir à cheminer par les fondrieres &
marais auroient grãds pieds de meilleure prinſe, à fin d'aſſon-
drer l'eau. Et au mãger ſont trouuez de meilleure ſaueur, que
les ſuſdits. Noſtre autheur a parlé de pluſieurs oyſeaux tãt en
ceſt ordre qu'en touts autres, deſquels n'a baillé les portraits,
ne les ayant voulu faindre à diſcretion, cõbien qu'il ne les igno
raſt, comme appert par là deſcription d'iceux, & cõme chacun peult voir en ſon hiſtoire de leur nature. Nous les com-
mencerons par la Grue, comme eſtant le plus grand entre
ceux de ceſt ordre, & continuant par les Herons blanc &
cendré, Butor, Pale, Aigrette, Bihoreau, Flament, l'Ibis,
la Cigogne noire & blãche, la Pie de mer, le Corliu, la Barge
au bec

au bec recourbé, le Crex, le Cheualier noir & rouge, le Himantopus, le Vanneau, la Poullette d'eau, le Rasle noir, le Rasle de genet, les Becaßines de diuerses especes, l'Alouette de mer, le Martinet pescheur, la Rousserole, le Guespier, le Porphirio, le Velia que les habitans des confins de Gaudelu, nomment vn Rosselet, oyseau singulier, & la Becasse, sont leurs nids selon la commodité de leur demeure, les vns sur les arbres, les autres sur les marais, les autres en la Campaigne, chacun selon sa commodité.

!

GREC, Ο'ρεανς.
LATIN, *Grus.*
ITALIEN, *Gru, Grua.*
FRANCOIS, *Gruë.*

En vn tropeau de Grues, l'vne tient
La pierre au pied, qui en tombant s'esueille,
Pour aduertir le reste, qui sommeille.
Cest le bon guet, qui vn camp entretient.

GREC, Ὁ Ἐρωδιός.
LATIN, Ardea, Ardeola, Pella.
ITALIEN, Airon, Anghiron, Garza.
FRANCOIS, Heron.

Que le Heron ſcit viande royalle,
Chacun le ſcait, luy ioint à ſa partie
Saigne des yeux: qui monſtre, my-partie
Eſtre en douleur la luxure orde & ſale.

l ij

GREC, Ὁ ἀστερίας ἐρωδιός.

LATIN, *Ardea stellaris, Taurus. Butorius, Bostaurus.*

ITALIEN, *Trumbotto, Tarabusso, Terrabusa, Aigeron.*

FRANCOIS, *Butor. aucuns le nomment de nom corrompu, Pittouër. Les Bretons l'appellent Gallerand.*

En vn Butor Phoïx, pour sa paresse,
Fut par les dieux changé diuinement,
Vn paresseux, aussi communement
Est dit Butor, pour son peur d'alegresse.

GREC, Λευκερωδιός.

LATIN, *Ardeola candida, Albardeola.*

ITALIEN, *Becquaroueglia.*

FRANCOIS, *Pale, Poche, Cueillier, Truble.*

La Pale vit es marches de Bretagne
Communement, qui a l'extremité
Et bout du bec largs en rotondité,
Et par cela diuers noms elle gagne.

I iij

LATIN, *Albicula.*

ITALIEN, *Agroti.*

FRANCOIS, *Aigrette.*

Non sans raison plusieurs noms sont baillez,
Tant aux oyseaux, qu'autres diuerses bestes:
Car mesme ceux qui se nomment Aigrettes,
Pour leur voix aigre ainsi sont appellez.

GREC, O' Γίεγϊος Βαλϊαεικὸς, ἢ, χαγαδριὸς.
LATIN, *Grus Balearica, aut Rupex.*
FRANCOIS, *Bihoreau, Roupeau.*

Le Bihoreau espece de Heron,
Es haults rochers, & es collines hante.
Sa forme est peu au Heron differente.
Sus le riuage il vit, & enuiron.

GREC, Iι Ἴϲις.

LATIN, *Ibis.*

ITALIEN, *Coruo Seluatico, Coruo Spilato, Coruo marino.*

FRANCOIS, *Espece de Cigogne noire.*

Si l'Ibis est des Serpens ennemy
Et la couleuure il occit & deuore,
Pourquoy le peuple Egyptien encore
Ne luy fera, comme iadis, amy?

GREC, O' πλαργος.

LATIN, *Ciconia.* Herodote la nomme, *Ibis alba.*

ITALIEN, *Cigogna, Zigognia.*

FRANCOIS, *Cigogne.*

Le Cigogneau, ayant prins sa croissance,
Porte & nourrit ses pere & mere vieux.
Ainsi chacun d'aider soit enuieux
Son pere vieil tombé en decadence.

GREC, Ὁ πέλαργος μέλας.
LATIN, Ciconia nigra.
FRANCOIS, Cigogne noire.

Il y a des Cigognes noires moult communes au païs de Loraine, dont auons eu la peinture de ce portrait. leur bec & iambes sont rouges, mais le corps est noir, excepté dessus le ventre qui est blanc.

GREC, O' ἀιματόπυς.

LATIN, *Hæmatopus.*

FRANCOIS, *Pie de mer, Becaſſe de mer.*

Il y a difference entre Himantopus & Hæmatopus, nous met-
trons Himatopus cy apres.

Pie de mer à la Pie reſſemble,
Et pour ſon bec eſt nommée Becaſſe.
C'eſt vn manger d'aſſez mauuaiſe grace,
Car le ſauuage il ſent trop ce me ſemble:

m ij

GREC, Καλίδρις.
LATIN, *Calidris.*
FRANCOIS, *Cheualier rouge.*

Comme vn Pigeon est gros le Cheualier,
Ayant bec long, haultes iambes, & cuisses.
Il tient son rang entre oyseaux de delices,
Fort delicat, & de goust singulier.

GREC, Αἴξ.

LATIN, Capra, Capella, Vanellus.

ITALIEN, Pauonzino, Parruchello.

FRANCOIS, Vaneau. Aucuns le nomment Dixhuit, autres
Papechieu.

Voy cy deſſus le portraict du Vaneau,
Et le voyant, pourras ta veuë paiſtre:
Mais ſi tu veulx d'vn bon morceau repaiſtre
Il y a peu de meilleurs oyſeaux d'eau.

x iij

GREC, γλώσσα.

LATIN, *Elorius.*

ITALIEN, *Arcasse, Torquato, Charlot, Tarlino, Terlino, Spin-*
zago, Caroli.

FRANCOIS, *Corlis, Corlieu.*

Autant c'est à dire aux Italiens nommants c'est oyseau Limosa,
comme à Aristote Helorius, car aussi bien a il prins son nom Grec
de Heli, qui est à dire Palustre. & au lieu de dire Palustre, ils dient
Limeux ou Limoneux. ceux qui dient Caroli est tout de sa voix, qu'on
ne confonde Helea auec Helorius.

De son crier le Corlis a le nom,
Duquel le bec est tourné, & voulté,
De demy-pied long. Il est appresté
Es grands banquets, comme oyseau de renom.

GREC, Λιγοκίφαλος.
LATIN Capriceps, vel Elorios aeterd.
ITALIEN, Limosa.
FRANCOIS, Barge.

A vn Curlis est la Barge semblable
Bien est-il vray qu'elle est moindre de corps,
Son bec moins long, non voulté par dehors.
Elle est en France es delices de table.

LATIN, *Fulicæ species aliqua.*

ITALIEN, *Pullon.*

FRANCOIS, *Poullette d'eau, ou bien Rasle grand.*

La Poulle d'eau est bien peu differente
A la Poullette, en grandeur seulement,
Laquelle n'a le pied plat : autrement
L'on n'y cognoist difference apparente.

GREC, Ὀρτυγομήτρα.
LATIN, *Ortygometra, Matrix Cothurnicum, Ralla.*
ITALIEN, *Re de Quaglie.*
FRANCOIS, *Rafle, Ralle, Roy & mere des Cailles.*

Le Rafle noir par les ruiffeaux habite,
Et eft cögneu en diuerfe contrée.
D'vn bon coureur la viftesse eft monftrée,
Quand on le dit, comme vn Rafle, aller vifte.

n

GREC, Ὀρτυγομήτρα ἄλλη.
LATIN, *Ortygometra altera, Ralla.*
ITALIEN, *Re de Quaglie.*
FRANCOIS, *Ralle rouge, ou Ralle de genet.*

Au Ralle noir est ressemblant ce Ralle,
Sinon de bec, de grandeur & couleur.
A la Perdrix il ne cede en valeur,
Mesmes leur chair est en bonté egale.

GREC, Σχοινίκλος.

LATIN, *Motacille genus*. *Ce peut estre celuy que Aristote nomme*
        Schœniclus, ou Tryngas.

FRANCOIS, *Alouëtte de mer*.

Touſiours ſe meut l'alouëtte de mer,
Et ſans ceſſer touſiours hoche la queuë.
Tant inconſtante elle eſt, qu'onc ne fut veuë
Eſtre en vn lieu long temps ſans remuër.

n ij

GREC, Ἀλκυὼν ἄφωνος.

LATIN, Iſpida, Plombina, Piſcator, Martinus piſcator, Regius piſcator, Halcion fluuiatilis, Halcedo muta, Halcedo
maior.

ITALIEN, Piumbino, vcello del paradiſo, Peſcatore, Peſcacore del
re, Martino peſcatore, Vcello di ſancta Maria, Vitriolo.

FRANCOIS, Peſcheur, Martinet peſcheur, Tartarin, Artre,
Mounier.

Le Martinet peſcheur fait ſa demeure
En temps d'hyuer, au bord de l'Ocean:
Et en Eſté, ſur riuiere ou eſtan:
Et de poiſſon ſe repaiſt à toute heure.

GREC, Ἀλκυῶν ᾠδικὸς·
LATIN, *Halcedo vocalis, Halcion minor.*
FRANCOIS, *Rousserolle, Roucherolle, Halcion vocal. Aucuns le nomment Rossignol de riuiere.*

Qui au doux chant de quelque oyseau vouldra
Prendre plaisir, fault qu'il vienne à l'escole
De l'Halcion vocal, ou Rousserolle:
Au Rossignol tant d'esbat ne prendra.

e iij

GREC, Μίεῤ.

LATIN, *Merops, Apiaſter, Florus.*

ITALIEN, *Dardo, Gaulo, Icuolo, Lupo de l'api: & en aucuns lieux*
Grallo.

FRANCOIS, *Gueſpier.*

Voy le Gueſpier en ſa grandeur nâiue,
Qui de plumage au Papegay reſſemble.
Tu iugeras (diſant ce qu'il t'en ſemble)
Que ceſte forme eſt conforme à la viue.

GREC, Πορφυρίων.
LATIN, *Porphyrio.*
ITALIEN, *Telamon.*
FRANCOIS, *Porphyrio.*

Porphyrion declare l'adultere
Fait au logis auquel on l'entretient:
Car à ces fins tous les semblans il tient
De se vouloir estrangler & deffaire.

GREC, Ἀσκολώπας.

LATIN, *Rusticula, Perdix rustica maior, Ascolopas, Scolopax, Gallinago.*

ITALIEN, *Gallina arcera, Arcia, Pola, Gallinaza, Gallinella, Beccassa.*

FRANCOIS, *Becasse, Becasse grande, Bequasse, Videcocq.*

Sur tous oyseaux la Becasse est niaise,
Et ayme l'homme autant qu'autre, qui soit,
Facilement aussi on la decoit.
Souuent amour est cause de malaise.

GREC, Ἱμαντόπους.

ITALIEN,   *Merlo aquaiolo grande.*

FRANCOIS, *Lon pourroit dire, le grand cheualier d'Italie.*

Himātopus n'a que trois doigts nonplus que Hematopus, mais l'vn
eſt de riuiere & l'autre eſt de mer. On le voit ſouuent en toutes contrées le long de celle riuiere qui paſſe Caſtel durante en la duché d'Vrbin. Ils le nōment Merlo aquaiolo grande, à la difference d'vn autre qui
eſt ſimplement nommé Merlo aquaiolo. Il n'eſt oyſeau qui ſoit qui ait ſi
lōgues iambes pour la grādeur de ſon corps: car ayāt le corps d'vn Pigeon,
ſes iambes rouges ont vne couldée de long. Au reſte cōuiēt en toutes merques au cheualier, ayant ſes elles noires & ainſi compaſſées cōme celles
de la grande Hirondelle. Lon en a mangé à la table de monſeigneur le
cardinal de Tonrnon, lors qu'il faiſoit ſeiour en la duché d'Vrbin.

GREC, E'λία.

LATIN, *Velia, ou Elea.*

FRANCOIS, *A Gaudelu vn Rosselet, ou Rozelet.*

Extrait du xxix. chap. de l'histoire des oyseaux· Nous a-
uons cogneu vn petit oisillon (dit l' autheur) de la gran-
deur d'vne petite Mesange, bigarré de diuerses belles couleurs,
lequel se tenant es ruisseaux en lieu marescageux, s'esleuoit
incontinēt en l'air en chantāt, & soudain retōboit à bas, en
ce cōtraire à l'Halcion vocal, qui demeure coy en chātāt. Peu
apres. Tout soudain que le vismes le soupçōnasmes celuy que
Aristote entendoit pour Helea. Les Almants le voyans
hanter les lieux humides par les saules le nomment Vuider-
le, ou bien pource qu'il chante sans fin Zilzel. Et à en dire
la verité, il est des especes du petit Halcion vocal.

LATIN, *Gallinago minor, Rusticula minor.*
ITALIEN, *Piczardella.*
FRANCOIS, *Becaßine, Becaßeau, Becaßon, Becaße petite.*

Le Becaßeau est de fort bon manger,
Duquel la chair resueille l'appeti .
Il est oyseau paßager, & petit:
Et par son goust fait des vins bien iuger.

o ij

LE QVATRIESME ORDRE
des oyseaux de Campagne, qui font leur nid sur terre.

A differēce de la demeure des oyseaux est prise selon l'obseruatiō qu'on en fait, car de les vouloir nommer terrestres, pource qu'ils volent peu, s'en trouueroit aussi de de ceux qui hantent les eaux de tel ordre. Si est-ce que tous pour la plus grande partie sont de presente corpulence, & lesquels nature fauorisant en leur deffaut, leur a assigné les campagnes, boys, taillis & forests. Ils sont communement de delicieuse saueur, & bons à manger. Tous ceux de cest ordre pour la plus grande partie ne hantent les eaux, ains ils se passent de breuage. Aussi ne nichent pour faire leurs petits que à plat de terre en plaine campagne. L'Autruche, les especes d'Ostardes, le Francolin, le Paon, la Canepetiere, les Coqs, Chapōs & Poulles de diuerses sortes, les Numidiques, les Coqs d'Inde, Coqs de boys ou Faisants bruyants, Gellinotes de boys, Faisants, Perdris franches & gouaches: & celles de Grece, de Damas, le Pluuier doré & gris, Cailles, le Proyer, le Cocheuis, Alouëttes, Caladres, Farlouse.

GREC, Στρυϑός ἐν Λιβύη.

LATIN, Struthio, Struthio *Africus*, Struthiocamelus, Stru-
thocamelus, Struthio *Libycus*, Struthius.

ITALIEN, *Strutz*'.

FRANCOIS, *Autruche.*

L'Auſtruche peut la pierre digerer:
Et a quaſi du Chameau la figure.
Bien qu'il ſoit lourd legiere eſt ſon allure:
.ais à voler ne s'auſe auenturer.

GREC, *Taôs.*
LATIN, *Pauus, Pauo.*
ITALIEN, *Pauon, Pauone, Pagone.*
FRANCOIS, *Paon.*

L'vn des oyseaux le plus plaisant a l'oeil,
C'est bien le Paon, qui se mire en sa rouë,
Et se marchant, est aduis qu'il se louë:
Voy-là pourquoy il nous figure Orgueil.

GREC, Ὦτίς.

LATIN, Otis, Tetraonis species, Tarda, Bistarda, Tetrax, Tarax.

ITALIEN, Starda.

FRANCOIS, Ostarde, Houtarde, Bistarde.

Tant ressemblant à la Cane petiere
Est cest oyseau, qu'il n'y a difference,
⌐rs en grandeur. Il est de corpulence
mme l'Austruche: & fuit l'eau, & riuiere.

LATIN, *Attagenis species, Tetrax.*

ITALIEN, *Fasanella.*

FRANCOIS, *Canepetiere. Aucuns la nomment, Oliue.*

Si quelcun est soupçonneux, & non vuyde
De peur, duquel la vie n'est entiere,
Lon dit qu'il fait de la Cane-petiere.
Elle se tapist aussi comme timide.

GREC, Οἰδίκνημος.
LATIN, Oedicnemus.
FRANCOIS, Oſtardeau.

Lon peut nommer ceſtuy-cy, Oſtardeau,
Parce qu'il eſt approchant de l'Oſtarde,
Qui ſous le ply des genoux l'os regarde,
Le trouue gros plus qu'à nul autre oyſeau.

P

GREC, Ἀτταγᾶς.

LATIN, *Attagas, Attagen.* aucuns le nomment *Bonosa*: & Albert l'appelle *Orix*.

ITALIEN, *Francolino, Pernis alpedica, Perdice alpestre.*

FRANCOIS, *Francolin.* Gesnerus le nomme Gellinette sauuage, & Perdris de montagne.

Le Francolin, estant oyseau de pris,
En liberté chante, & se taist en cage.
Aussi celuy, qui a peu de langage,
Est dit muet, comme vn Francolin pris.

GREC, Ἀλέκτωρ.
LATIN, *Gallus, Gallus Gallinaceus, Gallinaceus.*
ITALIEN, *Gallo.*
FRANCOIS,   *Coq, Gau, Geau, Gal, Gog.*

Le Coq est chauld, hardy, luxurieux,
Craint du lyon, combatant à oultrance:
Qui par son chant donne signifiance
Du bref retour du Soleil gracieux.

P ij

GREC, Ἀλεκτορίς.
LATIN, *Gallina, Gallina villatica, Gallina villaris.*
ITALIEN, *Gallina.*
FRANCOIS, *Gelline, Poulle.*

Si quelque mere onc aima son enfant,
Extremement ses petits la Poulle ayme:
Elle les tient sous ses ælles, & mesme
Les suit, conduit & nourrit & deffent.

LATIN, *Capus, Capo.*
ITALIEN, *Capon, Capone.*
FRANCOIS, *Chapon.*

Qu'eſt-ce vn Chapon, ſinon vn Coq chaſtré,
Pour l'engreſſer & faire eſtre plus tendre,
Quant au manger? il fault auſſi entendre
Qu'aux repas eſt plus ſouuent accouſtré.

p iij

LATIN, *Gallina Africana, Gallina Numidica.*
ITALIEN, *Gallina di Numidia.*
FRANCOIS, *Poulle de la Guinée, Perdris des terres neufues.*

En ceste Poulle y a vn soin extreme
De ses petits, comme en nostre commune.
Marquée elle est de couleur blanche, & brune,
Entremeslée & semée de mesme.

LATIN, *Meleagris, Gibber, Gallopauus, Gallinaceus Indicus.*
Ptolomée l'appelle, Pauo Asianus, vel Pauo Indicus.
ITALIEN, *Gallo d'India*
FRANCOIS, *Coq d'Inde.*

Quand à orgueil ce Coq au Paon approche,
Et fait sa queuë en rouë comme luy.
Les barbillons & creste d'iceluy
Sont de couleur à l'azurée proche.

GREC, E'ειγόπμος.

LATIN, *Tetrao, Vrogallus, Gallus ſylueſtris, Gallus montanus.*

ITALIEN, *Gallo cedrone, Cedron, Gallo Seluatico, Gallo alpeſtre,
Faſan negro, Faſiano alpeſtre.*

FRANCOIS, *Coq de boys, Faiſan bruyant.*

Le Coq de boys a la chair differente
En gouſt, l'vne eſt au beuf quaſi ſemblable,
A la Ferdrix l'autre n'eſt diſſemblable,
Et au Faiſan l'autre eſt fort approchante.

LATIN, *Gallina rustica.*
FRANCOIS, *Gellinette de boys.*

Nommée suis Gellinette de boys,
Qui es forests, non en captiuité
Fay mes petits. i'ayme la liberté,
Bien qu'on me tienne en cage quelquefois.

9

GREC, Φασιανός.
LATIN, *Phasianus.*
ITALIEN, *Faisan, Fasano, Fagiano.*
FRANCOIS, *Faisan.*

Si le Faisan trouue aupres sa femelle
Vn autre masle, il l'assault viuement,
Et ne le peult souffrir aucunement.
Sa chair est bonne, & sa figure belle.

GREC, Πέρδιξ.

LATIN, Perdix maior, Perdix Græca, Perdix ruffa.

ITALIEN, Coturnis, Chotroniffe, Perniſo, Perniſa.

FRANCOIS, Perdris gaille, gaye, ou gaule, Perdris rouge, ou aux pieds rouges, Perniſſe.

La Perdris pond en deux lieux, comme on dit:
En l'vn, pour foy: en lautre pour fon maſle:
Et chacun d'eux, par portion egale,
Comme les fiens, nourrit, garde, & conduit.

q ij

LATIN, *Perdix minor, Perdix fulua: Pline la nomme Auis externa.*
ITALIEN, *Perdice, Pernisette, Pernigona, Starna.*
FRANCOIS, *Perdris, Perdris gringette, Perdris griesche, Perdris
grise, Perdris goache, Perdris des champs.*

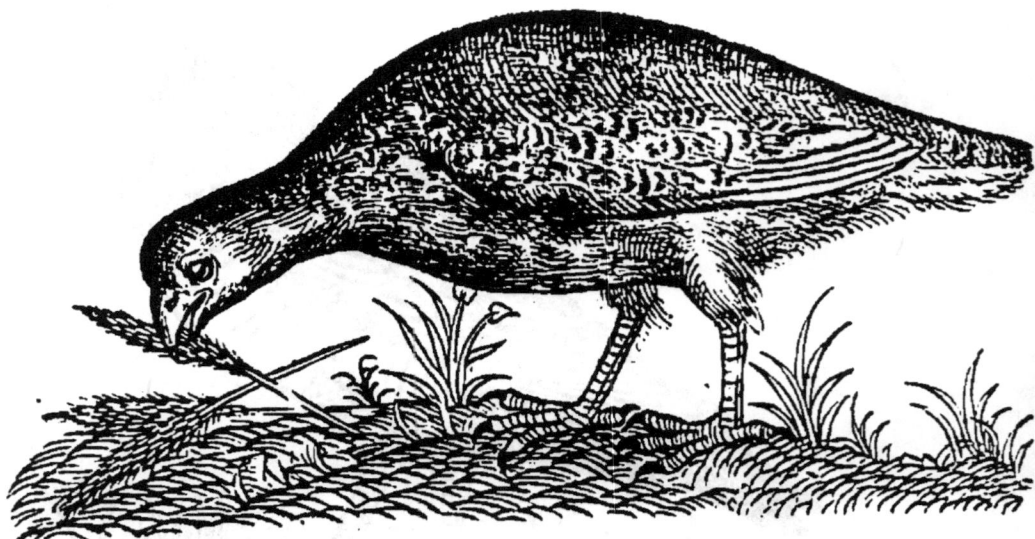

En la Perdris il y a chaleur telle,
Que ce pendant que la femelle coüue,
Le masle assault vn masle ou il le trouue,
Et le vaincu sert au fort de femelle.

GREC, Συςπιφδης.
LATIN, Syroperdix.
ITALIEN, Perdice Damascene.
FRANCOIS, Perdris de Damas.

Si la Perdris voit qu'on suit ses petits,
Faint se laisser prendre, comme rusée.
Par ce moyen rend la chasse abusée,
Car elle & eux sont par là guarantis.

q ij

FRANCOIS, *Pluuier gris*

De nuict seulet, de iour en compagnie
Va le Pluuier suyuant son appelleur.
Par la voit-on, que c'est bien le meilleur,
Qu'vne gent soit par vn Roy gouuernée.

LATIN, Coturnix, Qualea, Quiscula.
ITALIEN, Quiglia, Quaillia,
FRANCOIS, Caille.

La Caille à tous est oyseau de passage:
De laquelle est tant grande la luxure,
Qu'à l'impourueu la meine à la mort dure.
Quiconque suit luxure, n'est pas sage.

LATIN, *Miliaris.*

FRANCOIS, *Proyer, Preyer, Pruyer.*

Ceſt le Proyer duquel la nourriture
Eſt orge & mil, plus-grand qu'vn Cochenis,
Oyſeau de terre: & bien qu'à mon aduis
Hante les eaux, ſi n'y prend-il paſture.

GREC. Κόρυδος, Κορυδαλός.

LATIN, *Alauda cristata*, *Galerita*, *Cassita*.

ITALIEN, *Lodola capelluta*, *Chapelina*, *Couarella*, *Cipperina*.

FRANÇOIS, *Cocheuis*.

Le Cocheuis est peu farouche, & hante
Les grands chemins, les voyes & sentiers.
Il est huppé, & voit tres volontiers
L'homme approcher, & en le voyant chante.

r

LATIN. *Alauda, Alauda gregalis.*
ITALIEN, *Alodola Alodetta, Lodula, Lodora.*
FRANCOIS, *Alouëtte.*

Durant l'hyuer la petite Alouëtte
En troupe vole, & par couple en esté.
C'est vn manger bien souuent appresté
Pour les bancquets, & que plus on souhaitte.

LATIN, *Alauda maxima, Galerita maior.*
FRANCOIS, *Calandre.*

Lon oyt chanter melodieusement
Ceste Calandre, espece d'Alouette.
Semblable à elle est de pieds & de teste,
Ne differant qu'en grandeur seulement.

r ij

FRANCOIS, *Farlouse, Faloppe, Alouëtte de pré.*

La plus petite entre les Alouëttes.
Est la Farlouse, en couleur differente.
A la vulgaire, & qui doulcement chanté.
Ses plumes sont plus qu'à lautre roussettes.

FIN DV QVATRIESME LIVRE.

LE CINQIESME ORDRE DES
oyseaux, qui hantent diuers lieux pour y trou
uer pasture.

Aintes especes d'oyseaux n'eslisent certaine place, pour se paistre, mais viuans
indifferemment en tous lieux sont ores
palustres, ores terrestres, ores des forests
& guerets, tantost sont des tailliz,
prairies, pastits & noës: nayants esgard
non plus à leur mangeaille qu'à leur demeure. Tels sont
les Corbeaux, les Groles ou Graies & Freux, Corneilles,
Chouëttes ou Choucas au bec noir, au bec rouge & au bec
iaulne, le Iay, la Pie commune, & celle du Bresil, la Huppe, le Loriot, les Papegaux verds, gris & rouges, les Pics
verds & noirs. L'epeiche, l'Eschelette, le Torchepot, le
Torco, le Ramier, la Turtrelle, le Pigeon priué &
fuyard, l'Ange de Languedoc, le Biset, le Merle bleu, le
Merle blanc, le Merle au colier, & le petit Merle brun, qui
vit aux rochers, le Merle de Bresil & le Merle noir, l'E-
stourneau, la Paisse solitaire, la grande Griue & la petite, le Mauuiz, & la Litorne.

r iij

GREC, Κόραξ.
LATIN, *Cornus.*
ITALIEN, *Corno, Corbo.*
FRANCOIS, *Corbeau*

A bien parler le Corbeau peult apprendre,
Il hait luxure, vse de cruauté
A ses petits, puis d'eux est maltraitté.
Pere meschant, meschante race engendre.

GREC, κορώνχ.
LATIN, *Cornix.*
ITALIEN, *Cornice, Cornacchia, Gracchia.*
FRANCOIS, *Corneille.*

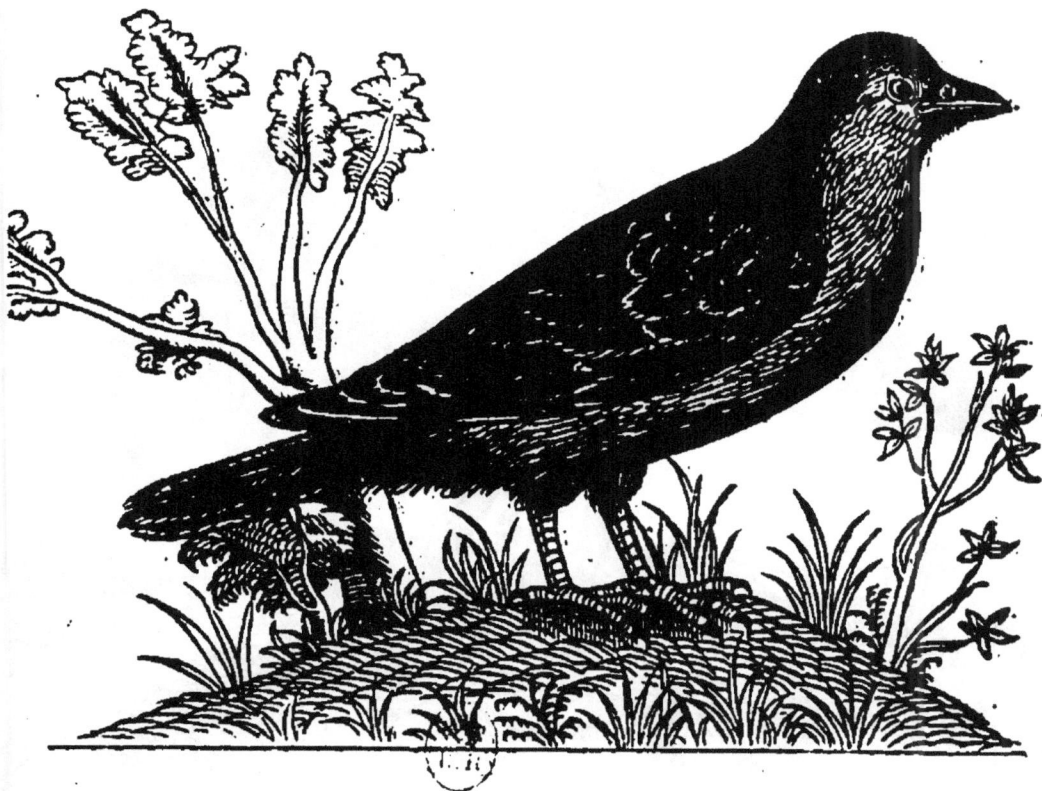

Si la Corneille escrie en se lauant,
Signifiera la pluye estre à venir.
A chasteté ne peult contreuenir,
Bien que son pair soit mort au parauant.

GREC, Σπερμολόγος.

LATIN, *Graeculus, Frugilega.*

FRANÇOIS, *Graye Grolle, Freux. Le vulgaire le nomme faulsement Corneille.*

Iamais le Freux ne hante le riuage,
Et ne se paist que de grains & de vers,
Il est oyseau commun, gros & peruers,
Qui vole en trouppe, & crie à l'auantage.

ATIN, *Cornix varia, cinerea, marina, hyberna.*
TALIEN, *Mulacchia, Munacchia.*
RANCOIS,   *Corneille emmantelée, Corneille sauvage.*

Ceste *Corneille* est dite emmantelée,
Qui seulement en hyuer se peut voir.
Sa couleur est cendrée auec le noir,
Comme vn manteau: dont elle est appellée.

ſ

GREC, Κολοιός,ὁ λύκος.
LATIN, Monedula.
ITALIEN, Ciagula, Tatula, Taccola, Cutta, Pola.
FRANCOIS, Chucas, Chouca, Chouëtte, Chouchette.

A desrober monnoye, or, & argent,
Le naturel de cest oyseau s'arreste.
On dit aussi, Larron comme Chouëtte,
Celuy qui est à robber diligent.

GREC, Κορακη φοινικόρυγχος.
LATIN, Pyrrhocorax, Colij primum genus.
ITALIEN, Speluier, Taccola, Pason, Zorl.
FRANCOIS, Choucas aux pieds et bec rouge, Choquar, Chouëtte rouge.

L'autre Chouca,que rouge lon surnomme,
Habite es monts,en plat pays ne hante.
Ouyr se fait de bien loing quand il chante:
Et imiter peut le parler de l'homme.

ſ ij

GREC, Μαλακοκρανεύς.

LATIN, *Molliceps, Pica glandaria, Garrulus.*

ITALIEN, *Gaza Ghiandaia, ou Ghiandara, Gaza verla, Berta.*

FRANCOIS, *Iay, Iayon.*

Des Iays larrons la nature est muable:
Mais l'amitié qu'entr'eux ont si extreme,
Que l'vn l'autre ayme ainsi comme soymesme,
Enseigne l'homme à aymer son semblable.

GREC, Κίττα.

LATIN, *Pica, Pica varia, Pica caudata.*

ITALIEN, *Gazza, Regazza, Putta, Picha, Gazuola, Gazze-
ra, Ghiandara.*

FRANCOIS, *Pie, Iaguette, Dame, Agasse.*

De noir & blanc la Pie est colorée,
Et le langage humain peult prononcer.
S'elle voit quelcun ses petits menacer,
Sa maison est tost ailleurs retirée.

ſ iij

LE CINQIESME ORDRE

LATIN, *Picæ Species, Luthea.*
ITALIEN, *Gazza, Zalla di terra noua.*
FRANCOIS, *Pie de Bresil.*

Autant est beau cest oyseau & gentil,
Que nostre Pie, & ce, le noir mis hors,
Qui beaucoup plus se fait voir en son corps.
Aussi a nom la Pie de Bresil.

GREC, Ἔποψ.

LATIN, *Epops, Vpupa.*

ITALIEN, *Buba, Vpega, Gallo del paradiso, Galleto de magio, Pubula.*

FRANCOIS, *Huppe, Putput, Lupoge.*

Dedans vn creux auec fange & ordure,
La Huppe fait ses œufs & sa maison,
Mais quand d'hyuer arriue la saison,
Elle s'en va euitant la froidure.

GREC, Χλωείων.

LATIN, *Galgulus*, *Vireo*, *Oriolus*. Pline le nomme *Picus*, qui nidum suspendit in surculo, primis in ramis, cyathi modo.

ITALIEN, *Becquafiga*, *Brusola*, *Galbedro*, *Garbella*.

FRANCOIS, *Loriot*, *Orio*.

On dit qu'vn homme onc le nid ne trouua
Du Loriot, lequel ne fust pendu
A un rameau, aussi est suspendu.
Voylà pourquoy ce dire on controuua.

GREC, Ψιττακος.
LATIN, *Pſittacus*, *Pſittace*, *Erythroxantus*.
ITALIEN, *Papagallo*,
FRANCOIS, *Papegay grand*, *Perroquet grand*.

Les Papegays, que Perroquets on nomme,
Sont differens en grandeur & couleur.
On les eſtime oyſeaux de grand' valeur,
Pour eſtre inſtruits au langage de l'homme.

LATIN, *Pſittacus minor, Erithrocyanus.*
ITALIEN, *Papagallo.*
FRANCOIS, *Perroquet verd, ou à la longue queuë.*

Ce Perroquet, qui eſt verd, a la queuë
Longue, & n'excede en groſſeur l'Eſtourneau.
L'on ne ſçauroit en trouuer vn plus beau,
Bien qu'on en ait mainte eſpece cogneuë.

GREC, *Spuokoldmus.*

LATIN, *Picus maximus, Picus Martius, Arborarius.*

ITALIEN, *Pico, Pichiv,*

FRANCOIS,   *Pic, Picmart, Pic verd, Pic iaulne, Picumart.*

Le Pic verd iaulne à la Turtçelle a guerre,
Et au Corbeau & au rouge Pic verd.
De plume iaulne il a le corps couuert,
Et ses petits en vn trou d'arbre enserre.

                            t ij

GREC, Niæa.

LATIN, *Picus martius minor, Picus varius, albo, nigróque distinctus.*

ITALIEN, *Pigozo.*

FRANCOIS, *Epeiche, Culrouge, Pic rouge.*

*L'Epeiche en corps & couleur differente
Est au Pic verd, mais l'vn & l'autre fait
Son nid au creux d'vn arbre, & par effait
Monte & descend, cherchant qui le contente.*

LATIN, *Picus muralis.*

FRANCOIS,   *Pic de muraille, ou d'Auuergne, Ternier, Eschelette.*

Lon peult nommer cestuy, Pic de muraille:
Car dans les troux des murs est sa maison.
Il vit d'aragne & tel autre poison:
ref, ne se paist de viande qui vaille.

                          t iij

GREC, Σἰτα.
LATIN, Sitta Picus cinereus, aut subcæruleus.
ITALIEN, Ziolo.
FRANCOIS, Grimpereau, Torchepot.

Le Torchepot & sa femelle ensemble
Viuent en paix tout le long de l'Esté.
Parquoy lon dit, que qui est arresté
A son mesnage au Torchepot ressemble.

GREC, Ἰυγξ.

LATIN, Iynx Torquilla, Turbo Sisopigis,

ITALIEN, Collotorto, Stortacoll, Capetorto, Vertilla, formicula.

FRANCOIS, Turcot, Tercot, Torcot.

Le Tercot est au Pic verd ressemblant,
De naturel & non de corpulence,
Sa langue longue hors de trois doigts il lance,
Ayant en ce du serpent le semblant.

GREC, πάττα.

LATIN, *Palumbus, Palumbes torquatus.*

ITALIEN, *Torquato, Ghiandaria, Colombo Fauaro, Tudon.*

FRANCOIS, *Ramier, Mansart, Coulon, ou Pigeon ramier.*

Bonne à manger est la chair du Ramier.
Laquelle aussi retarde la luxure.
Plus qu'es Bisets & Turtrelles est dure,
Il est de viure es forests coustumier.

GREC, Τρυγών.

LATIN, *Turtur.*

ITALIEN, *Tortore, Tortole, Tortora, Turtura.*

FRANCOIS, *Tourte, Turterelle, Tortorelle, Turtrelle.*

Si la Turtrelle ayme bien chasteté,
(mort son par) gemist sa destinée:
ne dira instruction donnée
aux humains d'aymer pudicité.

GREC, Πhλndε.
LATIN, *Linia columba , Palumbus minor, Liuia.*
ITALIEN, *Palumbella.*
FRANCOIS, *Biset, Croiscau.*

Les Bifets font de Pigeons vne race,
De leur couleur bife appellez ainfi.
L'hyuer s'en vont & les Ramiers aufsi.
C'eft vn manger qui eft de bonne grace.

GREC,   Πισιερα.

LATIN. *Columba domeſtica,Columba vulgaris.*

ITALIEN *Colomba,Columba, Columbo, Pluuiono,Palumbo.*

FRANCOIS,   *Coulon,Colombe,Pigeon, Pigeon priué.*

Grande amitié ont le maſle & femelle,
De noz Pigeons tant que ſouuent ſe baiſent,
Et en baiſant & rouant ne ſe taiſent.
Ayons comme eux amitié mutuëlle.

v ij

FRANÇOIS, *Pigeon paté.*

GREC, *Κύανος.*
LATIN, *Cæruleo.*
ITALIEN, *Merlo biano.*
FRANCOIS, *Merle bleu.*

Le Merle bleu, de petite stature,
Fait aux rochers son nid communement,
Il est criard : & ordinairement
De vers, semence, & fruits prend sa pasture.

v iij

LATIN, *Merula torquata.*
ITALIEN, *Merulo alpestro.*
FRANCOIS, *Merle au collier.*

En la Sauoye est le Merle au collier
Assez commun, au noir quasi semblable,
Ayant le goust nullement dissemblable:
Qui a au col de plume vn gris collier.

FRANCOIS, *Merle du Bresil.*

La couleur rouge en cest oyseau naïue
Met difference entre tout autre & luy.
Du naturel, ie croy que c'est celuy,
Qui est conforme à tout Merle qui viue.

GREC, Κόττυφος.

LATIN, Merula, Merula nigra.

ITALIEN, Merulo, Merlo, Merlo negro.

FRANCOIS, Merle, Merle noir.

Le Merle noir change sa contenance,
. Voix, & plumage, alors qu'il sent l'hyuer.
Deux fois en l'an on l'estime couuer.
De vers & fruits il tire sa sustance.

GREC, Ψάρ:ς.
LATIN, *Sturnus*.
ITALIEN,*Storno, Stornello , Sturnello*.
FRANCOIS, *Eſtourneau, Sanſonnet*.

Vn Eſtorneau ſe peult nourrir en cage,
Et s'il eſt maſle, à parler on l'apprend .
La difference à le cognoiſtre prend,
Voyant ſa langue, vn oyſeleur bien ſage.

x

LATIN, *Passer solitarius. Querculus* la nomme *Soliuaga.*
ITALIEN, *Passara solitaria.*
FRANCOIS, *Paisse solitaire,*

Es haults rochers la Paisse solitaire
Habite & vit: que si on l'appriuoise,
Et nuict & iour (s'elle voit clair) degoise
Vn chant fort doux, & si ne se peut taire.

GREC,   Κιχλαι ζοβζερ.

LATIN,   *Turdus viciuorus, maior Turdela.*

ITALIEN,   *Turdela, Drexano:Gasotto à Veronne.*

FRANCOIS,   *Griue, Siferre: Et à Paris de faulx nom, Calandre.*

La grande Griue, autrement la Calandre,
Nous apparoist en hyuer seulement.
On la nourrist pour chanter plaisamment:
Mesmes on peut à parler luy apprendre.

                              x ij

GREC, Κιχλαίνϵ́ϲ.

LATIN, *Turdus minor, Turdus Iliacus , Illas, Tylas.*

ITALIEN, *Malnizo, Cion , Cipper.*

FRANCOIS, *Mauuis, Griuette, Trafle, Touret.*

Le Mauuis eſt vn oyſeau non eſtrange,
Fort couſtumier ſe paiſtre de raiſins.
Dont ceux qui ſont des vignobles voiſins,
Diuerſement les prennent en vandange.

GREC, Κίχλα.
LATIN, *Turdus Pillaris.*
ITALIEN, *Tordo, Viscardo, Dres.*
FRANCOIS, *Litorne oyseau de nerte.*

La Litorne est vne espece de Griue,
A la Calandre approchant de bien pres:
Car conferant l'vne auec l'autre expres,
Elle luy ressemble autant qu'oyseau qui viue.

FIN DV CINQIESME LIVRE.

x iij

LE SIXIESME ORDRE DES MOIN-
dres petits oyseaux, qui hantent les hayes &
buissons.

Out ainsi que les grands oyseaux ont esté distinguez, ou par le lieu de leur pasture, ou par leur demeure: aussi pourrons faire diuision des petits oysillons par leur nourriture, car combien que touts ceux qui sont de petite stature se maintiennent indifferemment par les hayes & buchettes: cela est pour euiter la violence des oyseaux de rapine. De ces petits aucuns n'ont viande que des seuls verms & petits animaux en vie, les autres ne viuent que de grains, les autres indifferamment de tous deux, c'est à sçauoir des verms & des grains. Ce seroit bien pour inuiter les estrangers à mettre les noms en leur langue, & les adiouster chacun à son oyseau: car ores qu'il y eust faulte au nom Grec, Latin, ou estranger, il n'y a point de faulte au Francois.

GREC, Ἀηδὼν.
LATIN, *Luscinia; Lusciola, Philomela.*
ITALIEN, *Rossigniuolo, Rossignolo, Ruscigniuolo, Luscigniuolo.*
FRANCOIS, *Rossignol, Roussignol.*

Le Rossignol, des oyseaux l'outrepasse,
Chante au prin-temps sans intermission,
Et nuict & iour auec inuention
De chants diuers, qui luy accroist la grace.

GREC, Συκαλἰϲ
LATIN, *Ficedula*, & *Lusciniola*.
ITALIEN, *Becafigha ou Papafigha*.
FRANCOIS, *Roussette*.

Cest oyseau est pour sa couleur roussastre,
Nommé Roussette ayant le bec pointu,
Foible & noirastre, au reste, reuestu,
De beau plumage, & par les pieds blanchastre.

GREC, Ἐπιλαΐς.
LATIN, *Curuca, Curruca.*
ITALIEN, *Pizamosche, Sartagnia.*
FRANCOIS, *Fauuette noire ou brune.*

Au Roßignol la Fauuette reßemble,
Sinon qu'elle est vn peu moindre en stature.
Mesme son chant a grande coniecture.
D'approcher fort au Roßignol ce semble.

y

GREC, Τρωγλοδ´ιτης.

LATIN, *Troglodytes.*

ITALIEN, *Perchia chagia, en Sicile.*

FRANCOIS, *Fouette ou Fauuette rousse.*

Dans les iardins habite la Fauuette,
Et est oyseau de grosseur seulement
Du bout du doigt: & fait communement
Cinq beaux petits en sa demeure nette.

GREC, Τρίχλος.

LATIN, Regulus, Trochilus, Rex, Senator, Basiliscus.

ITALIEN, Reillo, Regillo, Reetino, Reatin, Fiorracino.

FRANCOIS, Roytelet, Beuf de Dieu, Berichot, Roy Bertaud.

Cest oyselet, qu' on nomme Roytelet,
Encontre l'Aigle a debat & querelle.
Tousiours est gay, tant masle, que femelle:
Et tousiours chante, aymant estre seulet.

y ij

GREC, Οἶςρος.
LATIN, *Afilus.*
FRANCOIS, Chanteur, Chantre. Choph, en Loraine.

Si ceſt oyſeau ne ceſſe de chanter,
Non ſans raiſon il eſt appellé Chantre.
Sous l'eſtomach eſt blanc, roux ſous le ventre.
Couſtumier eſt dans les foreſts hanter.

GREC, Τύραννις.
LATIN, *Tyrannus.*
ITALIEN, *Sericciola.*
FRANCOIS, *Poul, Soucie, Sourcicle.*

De tous oyseaux l'oyseau plus plein de ioye
Est la Soucie hantant sur les chemins,
Et sur les Choux & herbes des iardins.
Il est petit plus qu'autre que lon voye.

y iij

GREC, Φοινίκουρος.

LATIN, *Ruticilla , Phœnicurus.*

ITALIEN, *Reucsol Coroffolo.*

FRANCOIS, *Roßignol de mur ou muraille.*

Ce *Roßignol eſt nommé de muraillè,*
Pource qu'es murs il baſtit ſa maiſon ,
Fait ſes petits: mais en comparaiſon
Au Roßignol, il ne dit rien qui vaille.

GREC, Ἐριθακος.

LATIN,   Erithacus, Rubecula.

ITALIEN,   Petto roſſo, Petuſſo Peccietto, Pecchietto, Ferbot.

FRANCOIS,   Rubeline, Gorgerouge Gagrille, Roupie, Berée,
                Rougebourſe.

An Roſsignol de muraille reſſemble
La Gorge-rouge, en chant armonieuſe.
Elle en hyuer apparoiſt fort ioyeuſe,
Luy en eſté auprés de nous s'aſſembl.

GREC, Κινοϲόροϲ.

LATIN, *Motacilla*, *Culicilega*, *Susurada*.

ITALIEN, *Cotremula*.

FRANCOIS, *Lauandiere*, *Battequeuë*, *Battelessiue*, *Haussequeuë*.

La Lauandiere hante le bord de l'eau,
Hochant tousiours la queuë & le derriere,
Ny plus ny moins que fait la lauandiere
Lauant son linge aupres d'vn clair ruisseau.

GREC, Ohaﬄ.
LATIN, *Vitiflora*.
FRANCOIS,   *Culblanc, Vitric*.

L'oyseau petit, que lon nomme Culblanc,
Cherche à se paiſtre & viure de vermine
Qu'il trouue en l'herbe, ou que dans terre il mine:
Et a tel nom, pour auoir le cul blanc.

z

GREC, Ποικιλίς.

LATIN, *Carduelis: Aucuns le nomment Acanthis, Zena, Aftragalinus, Varia.*

ITALIEN, *Raparino, Rauarino, Gardello, Gardellin, Gardellino, Cardellino, Carzerino.*

FRANCOIS, *Chardonneret : en Sauaye, Charderaulat.*

Pour les chardons, dont le Chardonneret
Se paift, il a ce nom par toute France.
On le nourrift en cage pour plaifance,
Par ce qu'il chante, & eft bel oyfelet.

GREC,   Αγαθίς.
LATIN,   *Acanthis, Spinus, Ligurinus, Serinus.*
ITALIEN, *Verzelin, Scartzerino.*
FRANCOIS,   *Serin, Senicle, Cerisin, Cinit, Cedrin.*

Es pays chaulds le Serin fait son aire,
Qui par son chant donne à l'homme appetit:
De l'escouter: car d'vn corps bien petit.
Sort vne voix tres-haultaine & fort claire.

z̃ j

GREC, *Teaumis*.
LATIN, *Citrinella, Thraupis.*
ITALIEN, *Citrinella, Lequilla, Luquarinera, Beagawa, Rautrin.*
FRANCOIS, *Tarin, Tirin.*

Doux & plaisant est le chant du Tarin,
Qui s'appriuoise & se nourrist en cage
De cheneuis, chantant en son ramage,
Non toutesfois si bien que le Serin.

GREC, Ἀκανθίς.
LATIN, *Salus, Linaria.*
ITALIEN, *Fohonello, Fanello, Canuarola, Finett.*
FRANCOIS, *Linote, Linnette.*

Ennemie est de l'asne la Linote:
Car son cry fait aux petits d'elle peur.
Faisant tomber son nid, il est bien seur,
Qu'elle degrise vne plaisante note.

z iij

ITALIEN, *Suffuleur.*

FRANCOIS, *Piuoine: en Lorraine, Pion. Aucuns le nomment*
Sifleur, Groulard.

Figue & raisin sont par moy bons trouuez,
Qui quelque peu ressemble à la Mesange.
Quasi tous grains & vermine ie mange:
Et dix-huit œufs de par moy sont couuez.

GREC, Βχτίς.

LATIN, *Rubetra.*

FRANCOIS, *Traquet, Groÿlard, Tarier, Thyon.* Semel
en Loraine.

Es summitez des buissons hoche l'ælle
Incessamment le Traquet ou Tarier:
Et le voyant sans cesse varier,
Comme vn traquet de moulin on l'appelle.

GREC, Στρουθός.

LATIN, Passer.

ITALIEN, Passara, Celega.

FRANCOIS, Moineau, Moucet, Moisson, Paisse, Passereau,
Passerat.

Du Passereau tant grande est la luxure,
Que par celà ses iours sont abbregez.
Vous qui viuez en icelle enragez,
Voyez icy combien nuyt telle ordure.

LATIN, *Passer torquatus.*
ITALIEN, *Passara alpestra.*
FRANCOIS, *Moineau à la soulcie.*

L'autre Moineau se nomme à la soulcie,
Qui en grandeur le passereau surpasse.
Au demeurant, la naturelle grace,
Et mesmes meurs tous les deux associe.

A

LATIN, *Paſſer puſillus aggreſtis in iuglandibus degens.*
FRANCOIS, *Moineau de noyer, Friquet.*

Pour euiter dès oyſeleurs les laqs,
Dans vn noyer le Friquet fait demeure:
Ou ſes petis couue, nourrit, aſſeure,
Reſiouïſſant de ſon chant les cœurs las.

GREC, Χλωείς.

LATIN, *Luteola, Lutea.*

ITALIEN, *Verdon, Verderro, Verdmontan, Zaranto, Taran-*
to, Frinson. Horto lano a Verine.

Verdier, Serrant : Verdeyre en Sauoye.

Cest oyseau est plus long que le Bruant,
Et a le bec court. Pour sa couleur belle,
De nom commun chacun Verdier l'appelle:
Aussi est-il sur iaulne verdoyant.

A ij

GREC,   Λ'υδοι.

LATIN,   *Florus.*

ITALIEN,   *Hortolano, Cia, Megliarina, Verzerot, Paierizo,*
        Spaiarda.

  FRANCOIS,   *Bruyan, Bruant, Verdun, Verdrier, Verdercule,*
         Verdere.

Non sans raison Bruant ie suis nommé:
Au vol & chant aussi semble-ie bruire,
Le cheual veult moy & le miens destruire:
Ie suys aussi à luy nuyre animé.

GREC, Αἰγίθαλός.

LATIN, *Parus maior, Fringillago.*

ITALIEN,   *Parisola, Parussola, Parisola domesticha: en quelques*
            lieux Capo negro, & pres les monts, Tschirnabó.

FRANCOIS, *Mesange, Nonnette : En Sauoye, Maieuze.*

Au temps d'Automne il y a des mesanges,
En grand foison, qui hantent par les boys,
Et font des œufs douze, ou quinze par fois.
Oyseaux petits & qui chantent comme anges.

                                        A iij

GREC, Αἰχϑαλὸς ὄρεινὸς.
LATIN, *Parus ſyluaticus, Parus Caudatus, Parus monticola.*
ITALIEN, *Paruſſolin.*
FRANCOIS, *Perd ſa-queuë, Meſange à la longue queuë.*

Ceſte Meſange eſt à la longue queuë,
Oyſeau petit, comme eſt le Roytelet:
Du demeurant, inconſtant & follet.
Par ſon hault chant ſa voix eſt bien cogneuë.

GREC,   Teĩmaĩiçisabŏt
LATIN,   *Parus caruleus.*
ITALIEN,   *Parozolina.*
FRANCOIS,   *Marenge, Mesange bleuë.*

L'Esté es bois la Mesange bleuë est,
Et nous vient voir en Hyuer & Autonne,
Le doux chanter d'icelle plaisir donne
A tout esprit, à qui l'escouter plaist.

GREC, Σπίζα.
LATIN, *Fringilla, Frigilla.*
ITALIEN, *Franguello Frangueglio, Fringuello.*
FRANCOIS, *Grinson, Pinson, Quinson.*

Pour bien pinser lon me nomme Pinson,
Qui ay la voix fort h'aultaine & puissante.
Ie hay le chauld, froidure m'est plaissante,
En ce contraire est à tous ma facon.

GREC, Ο'ςεωιζὺς.

LATIN, Montifringilla, Fringilla montana.

ITALIEN, Franguel montagno, Montanaro.

FRANCOIS, Montan, ou Montain, Pinſon d'Ardenne : Quelques vns le nomment Paiſſe de boys, ou Moineau de boys.

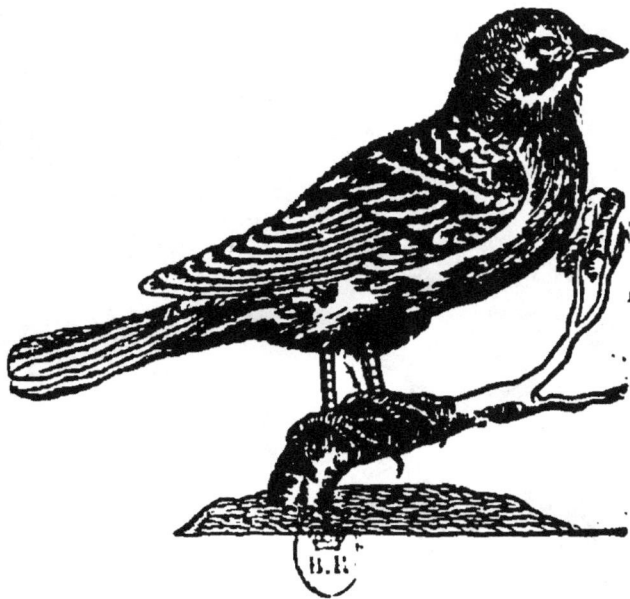

Pinſon montain ceſt oyſeau on appelle,
Pource qu'es monts il vit communement.
Son cœur eſt tel que nauré griefuement,
Ce nonobſtant pinſe, mord, & rebelle.

B

GREC,   τικ, ζαλίς.
LATIN,   Pardalus, Fringilla regia.
ITALIEN,   Franguel del re.
FRANCOIS,   Grosbec , Pinson royal.

Les vns Grosbec, autres Pinson royal
Nomment l'oyseau que tu vois en figure,
Voler seulet ce n'est pas sa nature:
Et n'est gardé parce qu'il chante mal.

GREC, Κίρσος.

IATIN, Certhias, Certhius. Reptatrix.

FRANCOIS, Grimpereau, Grimpreau petit.

Le Grimpreau est en repos, quand il dort
Tant seulement : Car il descend, ou monte
Tousiours es boys sur quelque arbre : n'a honte
D'estre haultain, bien qu'il ne soit pas fort.

B ij

LATIN, *Paſſer rubi.*

ITALIEN, *Paſſara ſaluaticha.*

FRANCOIS, *Morcer, ou Mouſchet petit, Moineau de haye, & Gobe-mouche.*

Ce n'eſt icy l'Eſperuier, dit Mouſchet:
C'eſt le Mouſchet, pourcy qu'il vit de mouſches.
Son aire ſont buiſſons, hayes, & ſouches:
De chant plaiſant, & ſemblable au Friquet.

GREC, Ἄπιϛ.

LATIN, *Apus, Cypselius maior.*

ITALIEN, *Rondone, Dini, Dardano.*

FRANCOIS, *Martinet grand, Hirondelle grande, Martelet, Moutardier.*

Il y a encor vn autre espece de Moutardier de plus grande cor-
pulence que cestui-cy qu'on nomme vers Auignon, vn Arbalestier,
& en Grec Drepanis, en Latin Falcula & Riparia, elle ne monte
iusques en ceste contrée & à peine qu'on en trouue deca Lion.

Le Moutardier, ou bien grand Martinet,
Est à voler tres-leger & fort viste:
Mais sur la terre il ne pose, ny giste:
Car y estant, sur pieds mobile n'est.

B ⸪

GREC, Χελιδών.

LATIN, *Hirundo.*

ITALIEN, *Rondine, Rendena, Rondena, Rodinella, Cefils, Zifila.*

FRANCOIS, *Harondelle, Hirondelle.*

Dans les maisons fait son nid l'Hirondelle,
Ou bien souuent dans quelque cheminée:
Car à voler legerement est née,
Tant qu'il n'y a oyseau plus leger qu'elle.

CREC,   Ἀκαν̓δυλἰς.
LATIN. *Apus, ou Cypselus minor, Argatilis, Hirundo rustica,*
          Agrestis, Syluestris.
ITALIEN, *Rondone Seluatico.*
FRANCOIS,   *Martinet petit, ou simplement Martinet,*

Ce Martinet fait en forme spherique
Son nid si fort, qu'impossible est de mieux,
En l'attachant aux bastiments fort vieux:
Duquel l'entrée est estroicte & oblique.

Cane à quatre pieds.

La Cane a quatre pieds, ainſi qu'eſcrit Geſnerus en ſon qua-
trieſme liure des oyſeaux, reſſemble en grandeur à vne petite
Cane de ce païs, en forme toutesfois grandement differente, ayāt
le bec fort large & mince, noir au bout & iaulne au demeurant, le deſſus de la teſte eſt noir iuſques au col, & la partie
qui eſt pres les yeux, cendrée : & d'auantage le col ceint d'vn collier noir, le dos, les ælles, & la queuë noire, les pieds blancs &
iaulnes ne diſtans gueres les vns des autres, ainſi que la figure
demonſtre. Voyla (amy lecteur) qu'en dit Geſnerus, te ſuppliant nous auoir pour excuſé ſi ne l'auons miſe au ranc des
autres Cane, ce que nous euſſions fait, ſi le portrait euſt eſté
fait à temps.

FIN DES OYSEAVX.

PORTRAITS DE QVELQVES ANI.

maux, poiſſons, ſerpents, herbes & arbres, hommes &
femmes d'Arabie, Egypte, & Aſie, obſeruez par P. Bellon du Mans.

LOrs que noſtre autheur eſcriuit ſes obſeruations, & voulant que ce fuſt vn
ſommaire, comme abbregé des choſes
qu'il propoſoit eſclarſir à loiſir, luy
ſembloit aſſez pour y faire voir les portraits d'vn oyſeau, d'vn poiſſon, d'vne
herbe, d'vn ſerpent, d'vn arbre, d'vn homme, d'vne femme,
tels que verrez es ſuiuants fueillets qui ſe reſſentent de la
maieſté & grandeur d'vn ouurage modeſte & bien expe-
rimenté, d'autant que s'il en euſt voulu mettre d'autres, n'a-
uoit-il pas fait imprimer ſon liure des eſtranges poiſſons ma-
rins auant les obſeruations, ſes poiſſons Latins & Francois. Et auſſi de Antiquorū operum maieſtate? Apres
leſquels imprimaſmes ſes oyſeaux. Parquoy ayants ſes figures entre noz mains, & ne les voulans laiſſer oyſiues, preten-
dons qu'elles annonceront nouueau ſcauoir aux perſonnes
curieuſes d'apprendre les ſecrets de nature.   Quel herbier a
encor peu portraire le Caucalis au vray & l'Apios fleuri.
Voyez le Cedre, Caſſier, Sycomore, & Platane: Mais cecy
eſt peu au regard de ce qu'il appreſte: Car puis que la libera-
lité de noſtre tres-ſage & heureux Roy, s'eſt eſtenduë à luy
fournir aux fraiz, il ne peult qu'il ne s'y employe, ores qu'il eſt
à la pourſuitte par les monts & valées en eſtrange païs, pour
nous ſeruir de ſecretaire des façons de nature. Quelle plāte en
terre & ſerpent, oyſeau en l'air, poiſſon en l'eau, & autre
choſe produite en nature trouuera place à ſe cacher de ſes
yeux, moyennant que Dieu le preſerue?

C

Portrait du Tartarin, Aristote le nomme Simia
porcaria.

Le Tartarin à vn singe reſſemble,
Fors qu'il y a difference en couleur
Et en groſſeur il n' eſt tel en valeur,
Si on le veult acomparer enſemble.

Le portraict du Bœuf d'Afrique que lon peult
nommer en Latin, Bubalus.

Ce Bœuf poly, gras, de petit corsage,
Et ramassé, trappe, beau, bien formé,
Est bien autant en Afrique estimé,
Que nostre bœuf, qui est gros d'auantage.

C ij

Strepsicheros, ou Mouton de Crete.

De noz Moutons les merques sont trouuées
En ce Mouton , qui est commun en Crete,
Sinon qu'il a les cornes sus la teste
Faites en viz, droictes & eleuées.

Bouc eſtain.

De la grandeur d'vne Cheure priuée
Le Bouc eſtain en Crete ſe nourrit
Sur les rochers : & bleſſé, ſe guarit,
Mangeant vne herbe es monts par luy trouuée.

C iij

Le portrait du Chamois, ou Ysard, nommé en
Latin, Rupicapra.

Es haults rochers le Chamois fait demeure,
S'y retirant & de iour & de nuiĉt.
L'extremité de ses cornes luy nuit,
Tant que souuent il conuient qu'il en meure.

Portrait de Tragelaphus.

Au Bouc estain est semblable en pelage
Cest animal: de cornes, au Belier.
Quand au museau, au front, & au collier,
A vn Mouton ressemble, & de corsage.

Le portrait de la Genette.

Bien que ie sois assez sauuage beste,
Ce nonobstant on sçait m'appriuoiser,
Et de mon corps, comme d'un chat vser,
En me rendant domestique Genette.

Le portrait de la Ciuette, qu'on nommoit an-
ciennement Hyæna.

Voyant cecy, tu voy de la Ciuette
Le vray portrait : qui rend abondamment
Par son conduit le Musc, pour excrement,
Odeur, que plus à sentir on souhaitte.

D

Portrait de la Giraffe, nommée en Latin, Ca
melopardalis : les Arabes l'appellent
Zurnapa.

Belles de corps les Giraffes, & doulces,
Ont en maintien du Chameau la maniere.
Leurs pieds sont haults deuant & bas derriere:
Poil blanc & roux: cornes courtes & mousses.

Portrait de l'Ichneumon, que les Egyptiens nomment Rat de Pharaon.

Voy le portrait du Rat de Pharaon,
Qui chasse aux Rats, comme fait la Belette:
Au demeurant fort cauteleuse beste,
Qui autrement est nommée Ichneumon.

Le portrait du Tatou.

Le Tatou est du rang de Herisson,
Qui se retire en ses escailles, comme
Le Herisson en ses espines. Somme
Qu'au reste il a d'vn Porceau la façon.

Portrait du Crocodile, poisson du Nil.

Le Nil produit des monstres perilleux,
Lors que d'Egypte arrouse le païs.
Mais entre ceux, dont sommes esbahiz,
Le Crocodile est le plus merueilleux.

D iij

Portrait d'vn poiſſon de Crete, nommé Scarus.

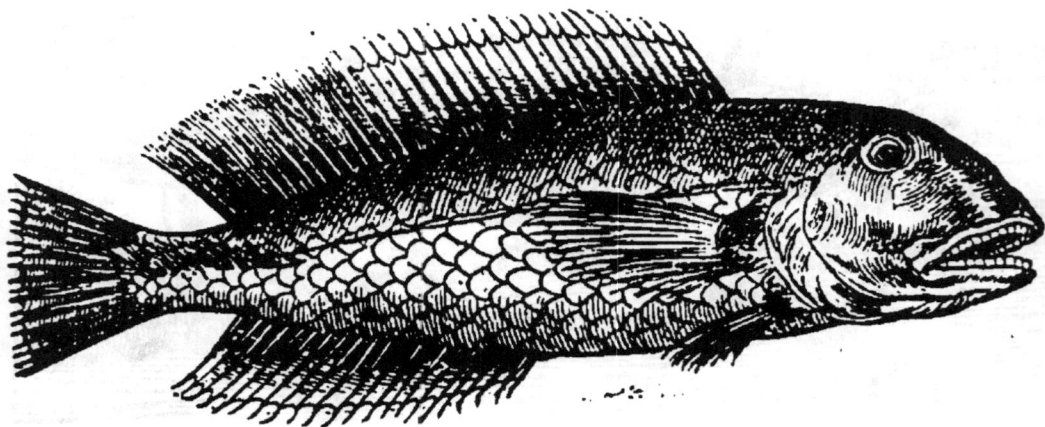

Le Scarus eſt vn grand poiſſon en Crete,
Bon à manger, pourueu qu'il ſoit roſti,
Son foye eſt grand qui en morceaux parti
Donne bon gouſt au reſte de la beſte.

Portrait de la Langouste, que les Grecs
nomment Carabus.

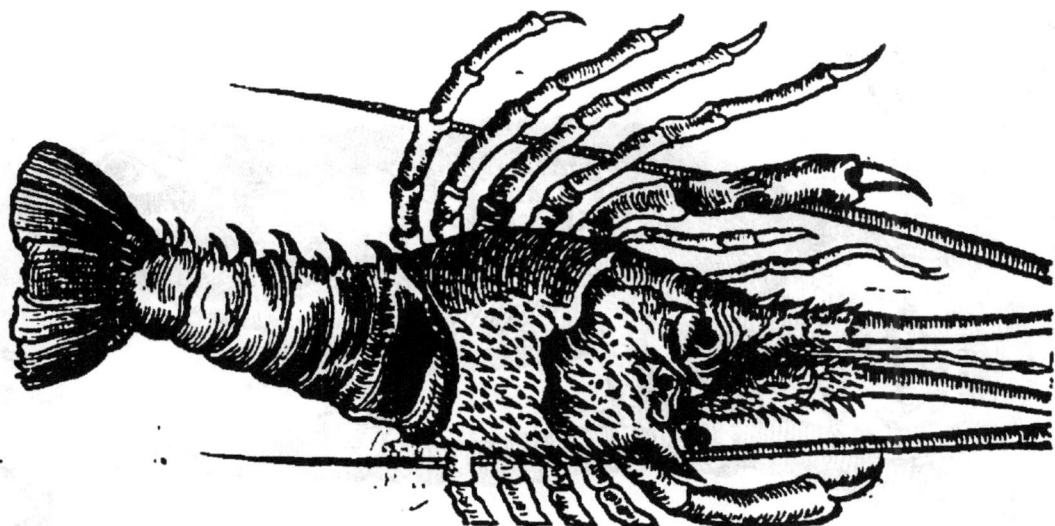

On peult nommer Sauterelle de mer
Ceste Langouste, estant par tout piquante.
Dessus le dos, Dieu la feit peu puissante,
Mais, il la sceut de dure escorce armer.

Le portrait du Chameleon d'Arabie.

Mettez les deux Chameleons ensemble,
Celuy d'Egypte, & celuy d'Arabie:
On trouuera difference en leur vie,
Mesme en couleur l'vn l'autre ne ressemble.

Portrait du Serpent ællé.

Dangereuse est du Serpent la nature,
Qu'on voit voler pres le mont Sinaï.
Qui ne seroit, de le voir, esbahy,
Si on a peur, voyant sa portraiture?

E

C'eſt le ſerpent, lequel Cenchris on nomme,
Aſſez commun par l'iſle de Lemnos
Ceſtuy ſur tous a aqueſté le los.
D'auoir venin fort dommageable à l'homme.

Le portrait du Iaculus, autrement dit Acontius.

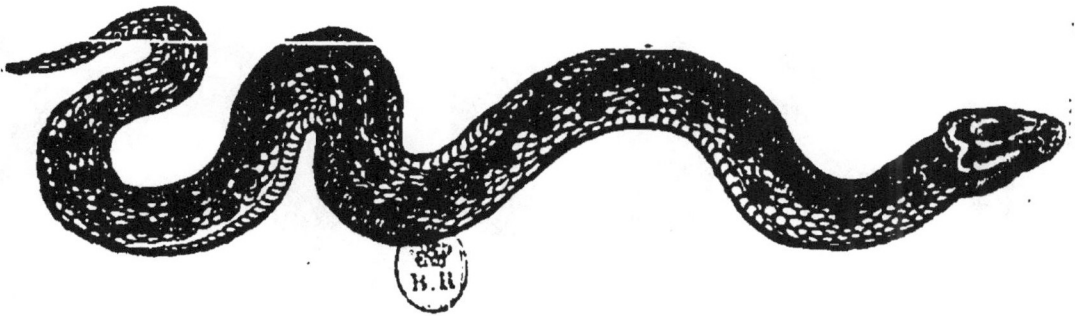

Trois paulmes a ce serpent de longueur,
Et n'est plus gros qu'est nostre petit doigt.
Dessus sa peau comme des yeux on voit:
Au reste, il est serpent de grand vigueur.

E ij

Ceste est la figure d'vne Vipere, ou Aspis.

L'Aspis, qui est Vipere surnommé,
Fait des petits iusques à vne vingtaine,
Chasque iour vn: & est chose certaine
Que des serpens c'est le mieux renommé.

Portrait d'vn serpent nommé Driinus.

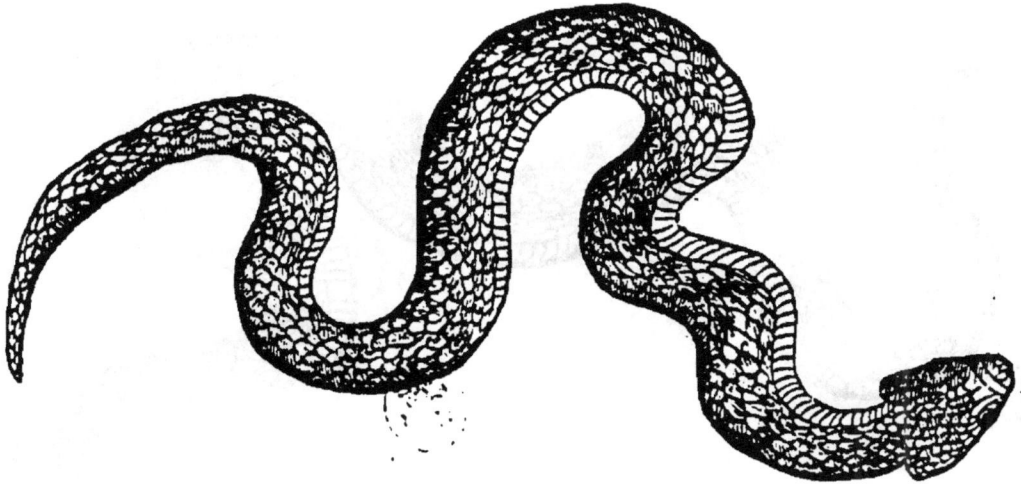

Ie n'ay point veu qu'autre serpent deuienne
Plus grand ny gros, qui plus hault sisle aussi,
Que i'ay cogneu & aperceu cestui - cy
De nom Francois, ne n'en scay qui luy vienne.

E iij

Portrait de la Ceraste.

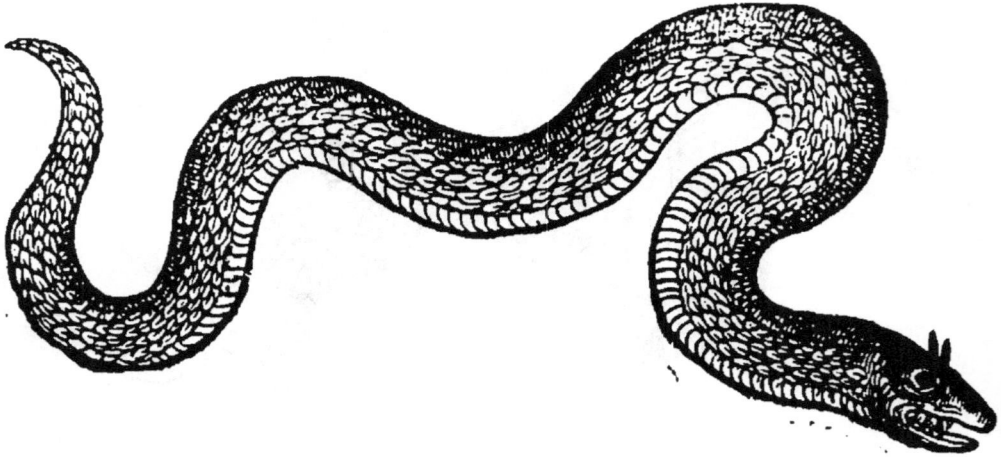

Ceste Ceraste a comme deux cornettes.
Dessus les yeux, & se passe de boire
Plus que serpent, qu'il est possible croire.
Remplis sont de poison telles bestes.

Portrait de l'herbe nommée Apios.

Au mont Athos plusieurs herbes prouiennent
Sans cultiuer & naturellement.
L'herbe Apios y est communement
Veuë & cogneuë à tous ceux qui s'y tiennent.

Portrait de l'herbe nommée Caucalis.

En noz herbiers l'herbe n'est figurée,
Que les autheurs Caucalis surnommerent:
Cascalistra les Turcs nous la nommerent.
Elle est icy au naturel tirée.

La figure du Cotiledon, ou Vmbilicis Veneris.

Tant estranger n'est le Cotiledon,
Qu'aucunesfois ne soit trouué en France.
Il ayme humeur, & en prend sa sustance,
Comme aussi font Lonchitis, Asplenon.

F

Cest arbre est gros, comme nostre Noyer,
Ayant quasi les fueilles de la sorte.
Il nous produit la Caße qu'on apporte
D'Egypte: aussi est-il nommé Caßier.

Portrait du Sycomore d'Egypte.

Le Sycomore est tousiours en verdeur,
Large & fueillu : sous lequel il fait sombre :
Et fraiz, aussi, qui s'y veult mettre à l'ombre :,
Pour euiter du chauld soleil l'ardeur.

E ij

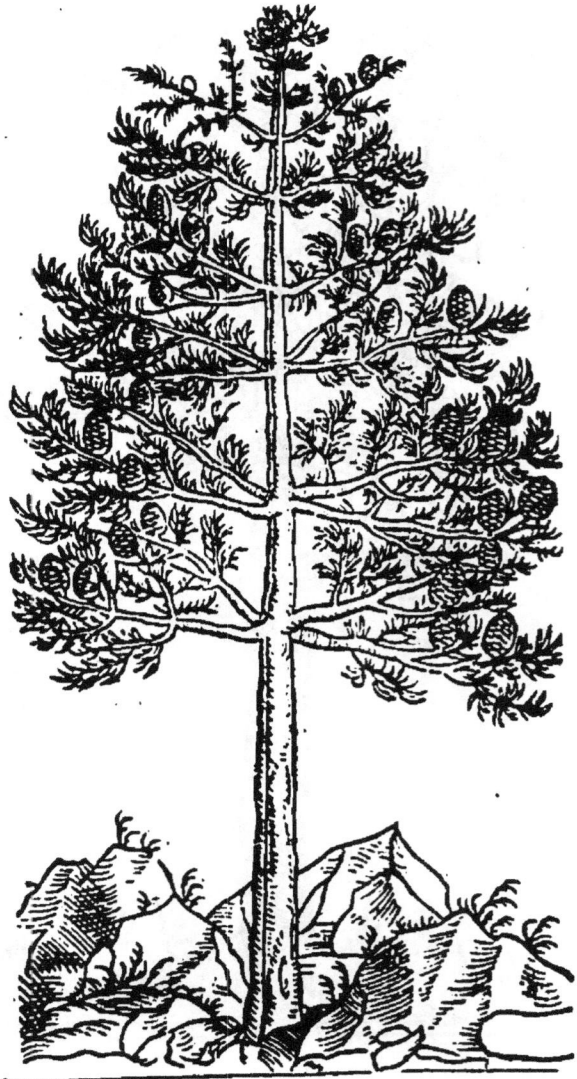

Le Cedre est hault & droict comme vne ligne,
Duquel le boys dure eternellement,
Tant que lon dit assez communement
Chose de pris estre du Cedre digne.

Portrait du Sapin qui est dit en Latin, Abies.

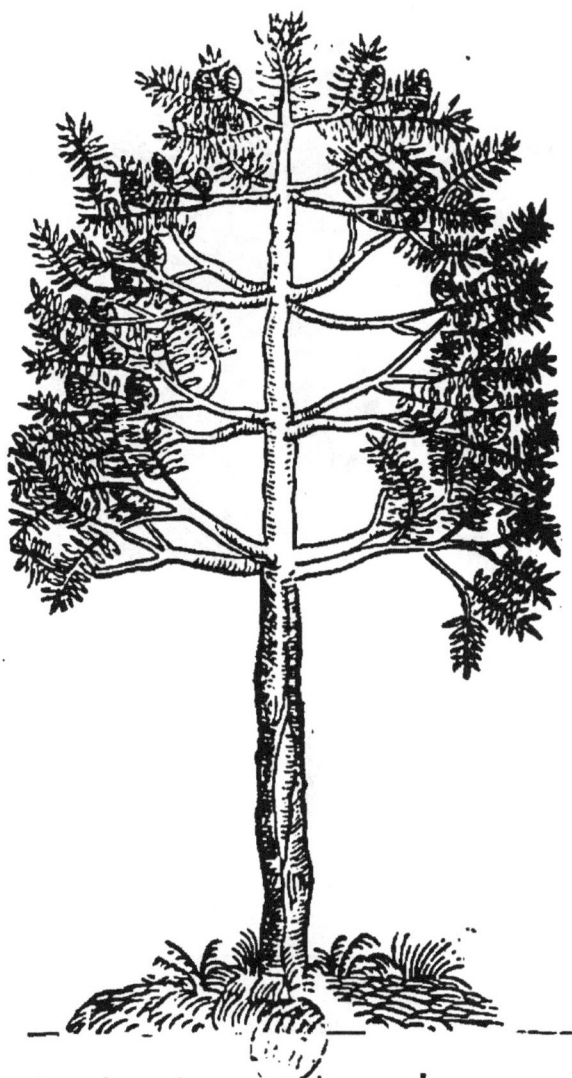

Voy le Sapin, qui tant au Cedre approche.
Que l'on diroit que c'est quasi tout vn.
Aussi a-il auec luy de commun,
Qu'il ste sans nœuds, dr oit, & de haulteur proche.

Portrait de la Suiffe, en L. tin Sapinus.

Quand on diroit la Suiffe eftre femelle:
Le Sapin mafle il y a apparence.
Auffi ont-ils bien peu de difference
Pur mettre en aix, la Suiffe eft bonne & belle.

Portrait du Platane, qui est nommé en Latin Platanus.

Lon doit nommer cest arbre icy, Platan.
Et non pas Plane : à ce que le premier
Porte vn fruit tel qu'vn petit rond entier.
Mais autrement est fait celuy du Plane.

Portrait du Cyprés nommé en Latin Cupressus.

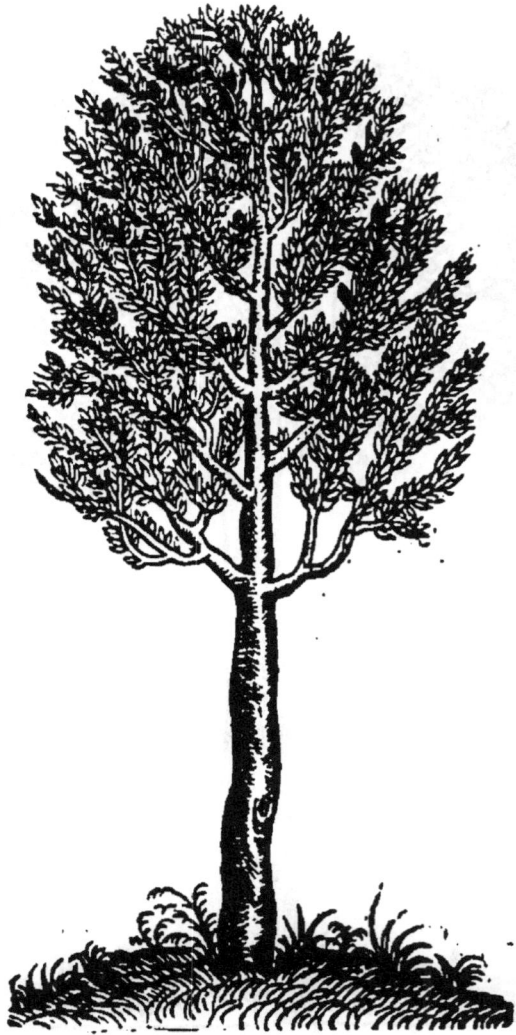

Le Cyprés n'est subiect à pourriture:
Et est vn boys de fort suaue odeur.
On le tenoit pour arbre de malheur
Au temps passé, duquel Pluton eut cure.

Portrait du Pin, nommé en Latin Pinus.

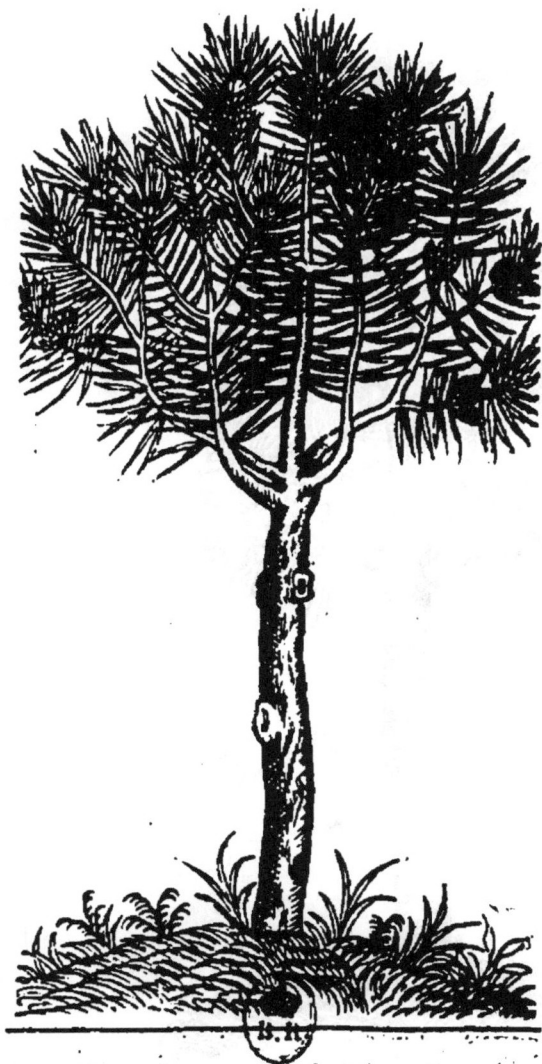

Le Pin est ia tant cogneu en la France,
Qu'il n'est besoing en faire long discours,
Quasi par tout on le voit estre en cours,
Sa fueille ayant de cheueux apparence.

G

Alena, ou Pin sauuage, nommé en Latin Pinaster:
les Grisons le nomment Gimber.

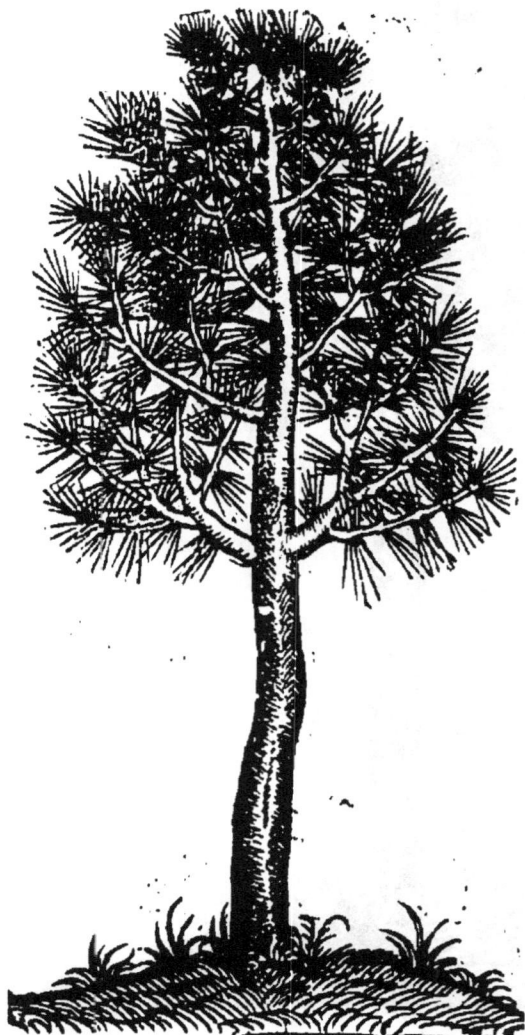

Lon peult nommer cest arbre Pin sauuage,
Qui est assez eleué en haulteur,
Moins toutesfois que le Pin. Sa verdeur
Et couleur est plaisante d'auantage.

Naïf portrait de la Melese, ou Larix.

A vn Cyprés la Melese ressemble,
Dont l'Agaric se tire abondamment.
Doux comme miel est son goust proprement.
Cest arbre est bel & proffitable ensemble.

G ij

Portrait de l'arbre de Picea, autrement nommé
Pignet sauuage.

Le Boys ardant de ce Pignet sauuage
Allume clair, ainsi qu'vne chandelle.
Ceux de la Crete ont industrie telle,
Que de la poix ils en tirent l'vsage.

Portrait d'vn arbre d'Arabie, nommé en Grec
& Latin Acacia.

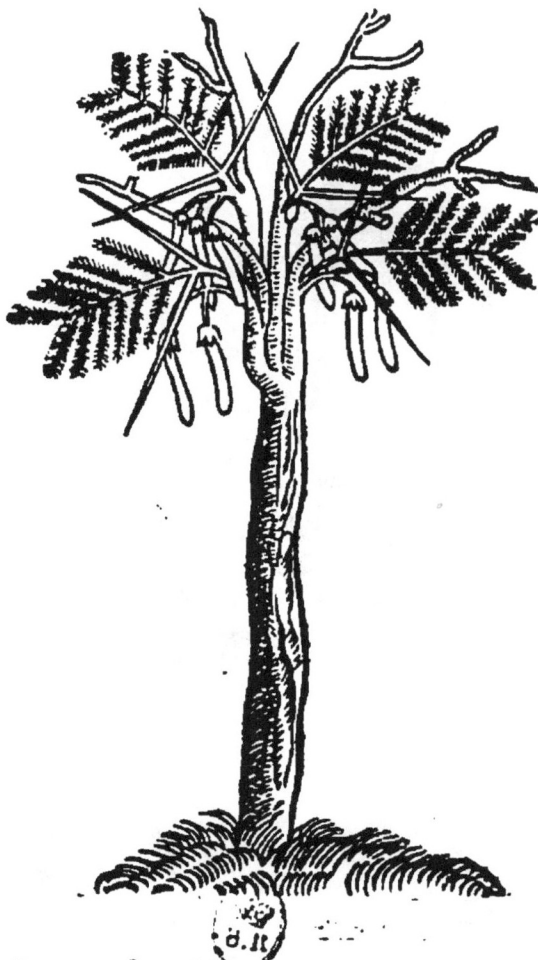

L'Acacia engendre ceste gumme,
Dont escriuains vsent & teinturiers.
De la cueillir Arabes sont ouuriers:
Et pour autant gumme Arabic se nomme.

G iij

Portrait d'vn des seigneurs Circasses, ou Arabes à cheual
qui estoit vn des plus riches seigneurs d'Egypté, lors que le
Soldan y dominoit.

Si tu veulx voir vn seigneur d'Arabie
Sur vn cheual monté, voy ce portrait :
Au naturel il a esté extrait,
Pour te monstrer leur brauade iolye.

Portrait d'vn bourgeois du Caire à cheual, allant
à lesbat auec sa femme.

Si quelquesfois aucun bourgeois du Caire
Meine à lesbat sa femme quelque part,
Dessus vn asne elle montée part,
Et à cheual il la suyt, pour luy plaire.

Le portrait de deux femmes du Caire, diuerfement veftuës,
felon qu'elles font eftants en leurs maifons.

Les veftemens qu'à ces femmes voyez,
Sont es maifons leurs habits ordinaires.
S'il fault fortir hors pour quelques affaires,
Autres habits à ce font employez.

Autre portrait d'vne femme d'Egypte, selon qu'elle
est acoustrée, allant par la ville du Caire.

Diuersement les bourgeoises du Caire,
Quand elles vont en ville, sont masquées.
Iamais ne vont qu'auec faces cachées,
Ne permettans qu'on voye leur visaire.

H

Portrait d'vne Turque d'Aſie, allant par la ville,
& ſe monſtrant en public.

Tant de païs, tant de diuerſes guiſes.
D'autre façon ceſte Turque d'Aſie
Se couure & veſt. Et en leur fantaſie,
Par Mahomet telles loix furent miſes.

Portrait d'vn villageois Arabe.

Voy de ce Turc la houpelande esparse,
Le bras tout nud, l'arc, l'espée, & la dague,
Et sa chemin se entour ses iambes vague:
Diras-tu pas, qu'il veult iouër la farce?

H ij

PORTRAICT DE LA VILLE D'ALEXANDRIE EN EGYPTE.

LAC MAREOTIS

LE TROIS FEED V NIL

COLONNE DE POMPEE

PORTADELPEPE

M. SAVEE

PORTE DV CAIRE

FORES DE PALMIERS

CHATEAV NEVF

CHATTA VIEIL

OBELISQVE

LA VPORT DE LA MARINE

PALAIS DE ALEXANDRE

PORTO VECHIO

PHA R VS

CASTELLO

GAROPHALO

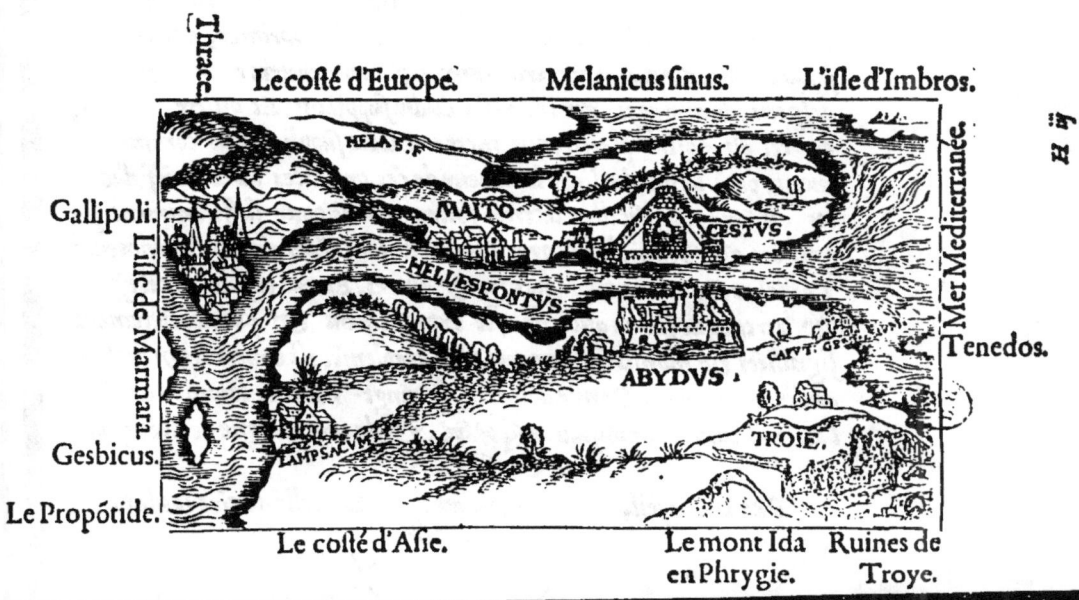

Thrace. Le costé d'Europe.   Melanicus sinus.   L'isle d'Imbros.

MELA S. F.

MAITO

CESTVS

HELLESPONTVS

Gallipoli.

L'isle de Marmara.

Gesbicus.

Le Propótide.

LAMPSACVM.

ABYDVS

CAPVT: GEN.

Tenedos.

Mer Mediterranée.

TROIE.

Le costé d'Asie.   Le mont Ida   Ruines de
                        en Phrygie.   Troye.

Extraict du Priuilege du Roy.

Ar grace & priuilege du Roy, est permis à Guillaume Cauellat, Libraire iuré en l'vniuerſité de Paris d'imprimer ou faire imprimer les oyſeaux, & autres animaux obſeruez par P. Bellon du Mans. Et deffend ledit ſeigneur, à tous Libraires, Imprimeurs, Tailleurs de figures, Dominotiers, & autres, qu'ils n'ayent à imprimer, portraire, tailler pocher, ny contrefaire, vendre ny diſtribuër enſemble ny ſeparéement, ny en quelque autre maniere que ce ſoit, en noſdits païs, terres & ſeigneuries, ſur peine aux Libraires, Imprimeurs, Tailleurs, & Dominotiers, de confiſcation & perdition des liures imprimez, & des figures & tailles d'icelles imprimées, ou à imprimer, enſemble ou ſeparement, & d'amende arbitraire, applicable enuers nous, & à tous deſpens, dommages, & intereſts dudit ſuppliant. Et oultre voulons, & tel eſt noſtre plaiſir, que mettant ledit ſuppliant au commencement, ou à la fin du liure la teneur de ces preſentes ou le brief d'icelles au vray, qu'icelles lettres ſoient tenuës pour ſuffiſamment ſignifiées & venuës à la cognoiſſance de tous Libraires, Imprimeurs Tailleurs Dominotiers d' figures & autres. Et que ce ſuit de tel effect & vertu, que ſi elles auoient eſté expreſſémens & particulierement ſignifiées & monſtrées, comme plus amplemēt eſt contenu & declaré audit Priuilege. Donné à Paris, le vingt-vnieſme iour de Ianuier, l'an mil cinq cens cinquante quatre, & de noſtre regne le huitieſme.

Par le Conſeil.   Signé Bu...   Et ſeellé de cire iaulne.

Le portraict du mont Sinaï fur lequel noftre Seigneur bailla fa Loy à Moyf

Le mont Oreb.

La chappelle de faincte Katherine.

Cefte montagne eft les autres du pays de

Le mont Sinaï.

ORIENT.
Ce mont eft fecond apres le mont.

en haulteur Sinaï.

Toute ce paffage eft, de tenant du mont Sinaï.

En tout ce cofté n'y a que pais de môtagne de lôgue eftédue, cô-me auffi eft le pais de l'Arabie, pierreufe fterile & deshabité.

S. Eliene.
Les d'yfeus.
Petit Monaftere.
La chaume.
Roher du Salut.
Le defert.
La ruiffeau.

Monaftere.

Mont de Moyf.

Logis des Caloieres.
La court.
Le chemin.
L'eglife.
Rocher de faur retict.
Fôtaine.
Chauffee.

Le jardin.

Le chemin du mốt.

SEPTENTRION.

Cefte partie hors du mont eft pays de plaines fteriles de moult grande eftendue en l'Ar

du mont Sinaï sur lequel nostre Seigneur bailla sa Loy à Moyse.

en haulteur Sinai.

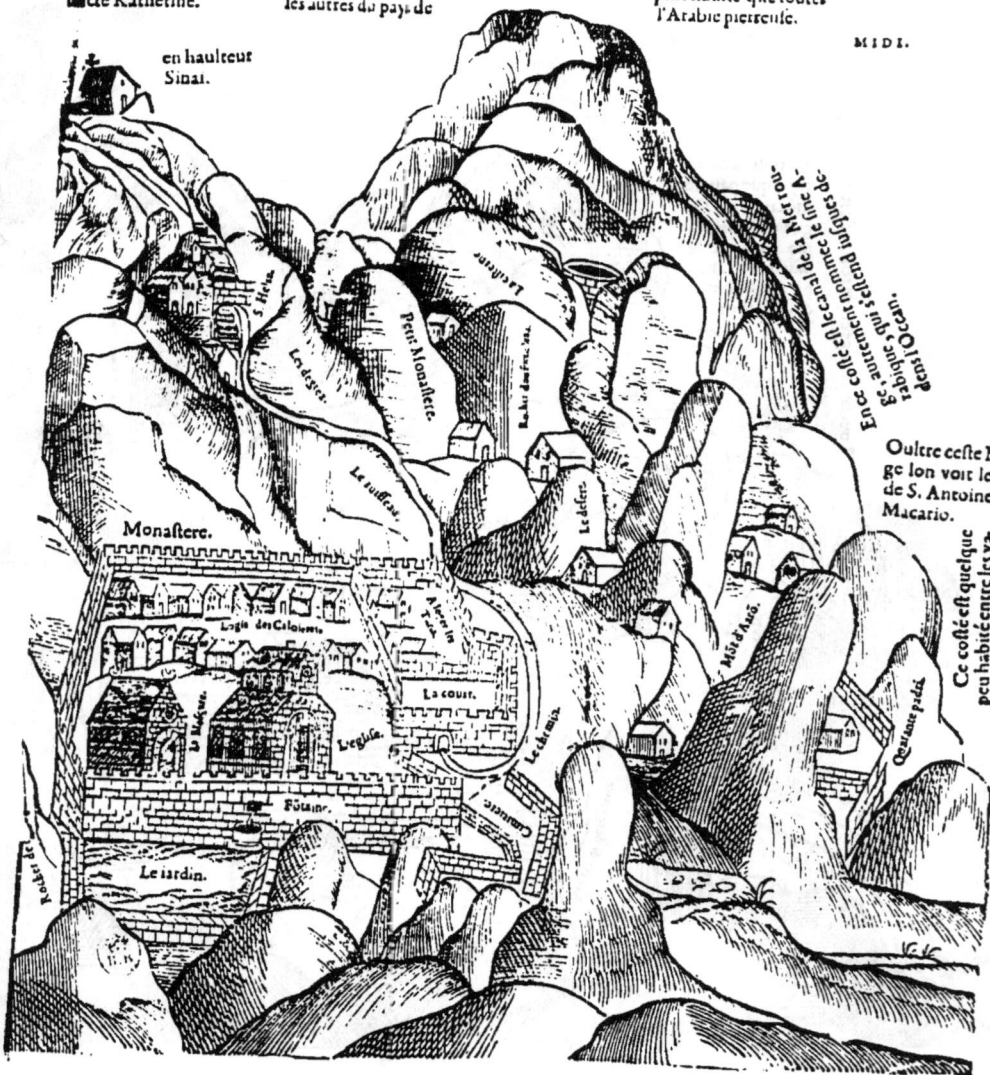

Ceste montagne est les autres du pays de

Le mont Sinaï.

plus haulte que toutes l'Arabie pierreuse.

MIDI.

En ce costé est le canal de la Mer rouge, autrement nommee le sine A-
rabique, qui s'estend iusques dedens l'Ocean.

Oultre ceste Mer rou-
ge lon voit les monts
de S. Antoine & de S.
Macario.

Ce costé est quelque
peu habité entre les va-
lees d'autant qu'il y a
quelque humidité.

S. Heleine

Le desert

Petit Monastere.

Le rocher

Rocher du franc sieu

Le desert

Le ruisseau

Monastere.

Logis des Caloieres

Vers la Tour

La cour.

La chappelle

S. Basile

L'eglise

Fontaine.

Le chemin

Môt d'Aaró.

Quarante pas

Cimetiere

Rocher de

Le iardin.

du mont est pays de plaines steriles de moult grande estendue en l'Arabie deserte.

OCCIDENT.

PORTRAICT DE L'ISLE DE I
cerimonies de la religion des Grecs, & de p
description des Obseruations des

Le Pont Euxin est mer nauigable pour sa nature, selon lequel n'ayant flux ne reflux, de
valle coustoms en la mer. Se desiet amoura, estant continue de terre, est ferme de toutes parts, recontre me seit quades, hores que entre le dis par deux costes, l'il l'eau
auant close par la Proportuge sort hors par l'Hellespont, sans lamais remonter, se-
parant le coste de
l'Europe de l'Asie.
Les Grecs nomment
celle mer Mauro-
thalassa, & le Ru-
benc, qui ueto, ou
bien el mar nioier,
à la difference des
paludes Meotides,
dot l'eau est douce
& blanchastre, qui
a este cause que on
sue l'une à este no-
mée en Italien il
mar niero, l'autre a
este dicte el mar
blancha.

Icy voyez le
vray portrait d'vn
Marsouin, dot A-
ristote a fait men-
tion, le nommant
en sa langue Pha-
cæna, qu'il dit e-
stre frequent en ce-
ste mer, Il n'est du
teret au Dauphin,
sinon que l'vn a le
nez long, & l'au-
tre l'a mousse, cho-
se que sa Aristote
aussi mis en es-
cript. Les Grecs,
Turcs, & autres ha-
bitas sur les orees
de ceste mer, n'ont
accustume d'en mā-
ger, nuplus qu'an-
ciennement.

Cest endroit de
terre ferme, est le
coste de Thrace
qui estoit au para-
uant vuide d'habi-
tans: mais le grand
Turc y a fait ame-
ner des colonies
de diuers pais qui
y ont basti des vil-
lages, & quati chac-
que village parle
son langage diffe-
rent.

Ceste terre fer-
me est de Macedoi
ne, la ou il n'y a
aucu bō port pour
les vaisseaulx de
mer, parquoy con-
uenoit que Alexā-
dre tint ses galeres
& nauires au port
de l'Isle de Tas-
sos.

L'on trouue que
Hippocrates a fait
mention en ses es-
criptes... ceste orde

Terre ferme en Asie.

Icy est le siege d'vn

SEPTENTRIO

PONTVS

PROPONTIS

HELLESPONTVS

DE L'ISLE DE LEMNOS, DV MONT AT

e la religion des Grecs, & de plusieurs autres lieux de Grece & d'Asie, retirez
iption des Obseruations des singularitez des païs estranges.   Par P. Be

Terre ferme en Asie.

Voy e dessoubs les portraicts des Daulphins. Ce sont ceux que les Fr
iouins, desquels Dauphins personne n'a encor mis les vrais p
Icy est le siege d'vn bacha au chateau de Cute.

V MONT ATHOS, CHEF DES
Grece & d'Asie, retirez du naturel, suyuant la
ſtranges.   Par P. Belon du Mans.

traicts des Daulphins. Ce ſont ceux que les Francois mangent en grandes delices: mais ils les nomment Mar-
Dauphins perſonne n'a encor mis les vrais portraicts es autres chartes auant ceux cy.

Le Smyrne
Samos
Icaria nunc Nicaria
ORIENS
Chio nunc Sio
Chanalaria
Sotira
Mons Vulcani unde terra lemnia effoditur

Leros, Pathmos, Icarie, Naxie, & toutes autres Iſles Ciclades & Sporades, sõt habitées partie des Turcqs, partie des Grecs tributaires au grand ſeigneur.

Maintes choſes notables ont rẽdu l'Iſle de Lemnos memorable: mais entre autres le labirinthe de Dedalus, & auſsi les forges de Vulcan qu'on dit y auoir eſté. La terre ſeellée cõtinue encor maintenant, & dit on que les Venitiens derniers ſeigneurs en l'Iſle, auant que les Turcs y fuſſent les maiſtres, meirẽt telle inſtitution de la tirer ſeulement vng ſeul iour de l'an, le vj. iour d'Aouſt: car à la verité les Turcs eſtans venuz en Grece, n'ont riẽ mué des cerimonies accouſtumées, comme a l'exẽple des autres Prouinces eſt de payer neuf ducats pour entrer au ſainct ſepulchre de noſtre ſeigneur en Ieruſalẽ. Nous auons expres portraict ceſte charte pour donner plaiſir aux medecins amateurs du bien public pour leur faire voir la ſituation des villes dont Galien a faict mention parlãt de ſon voyage en l'Iſle de Lẽnos, au neufieſme liure des ſimples, la ou il parle des differẽces des terres, auquel lieu trouuons teſmoignage q̃ de ſon temps Troye eſtoit nommée Alexãdrie. Il a auſsi faict mention de Taſſos & de Philippi que chacun poura voir icy. C'eſtoit le traiect du droict chemin paſsãt des Rõmains allans

La declaration des noms imprimez en ce po...
route l'Isle de Lemnos. Aussi voirez les discours appartenants à ce mont A...
chef des cerimonies de Grece, estant en ce aux Grecs, comme diriez Romm...
rance qui a esmeu aucuns de nostre temps d'escrire qu'il y a aussi des religi...
aucun village de gents Laiz.

A Paris, Chez Guillaume Cau...

AVEC PR

ion des noms imprimez en ce portraict, est amplement descripte au premi

e Lemnos. Aussi voirez les discours appartenants à ce mont Athos, au premier fueillet du liure des portraicts des Oyseaux, incontinent
imonies de Grece, estant en ce aux Grecs, comme diriez Romme aux Latins: car il est habité en tous lieux par les Caloieres Grecs qui se ti
esmeu aucuns de nostre temps d'escrire qu'il y a aussi des religieuses: mais tant s'en fault qu'il y en ait, que mesmement de quatre ou cinq q
ge de gents Laiz.

A Paris, Chez Guillaume Cauellat, deuant le College de Cambray, à l'enseigne de la Poulle grasse.

AVEC PRIVILEGE DV ROY POVR DIX ANS.

Labels on the map:
Scotia · Tractus habitant afferula & Thapfia · Mens Vulcani unde terra lōnie effoditur · Arginufa · Lapfi · Lizardo Choria · Aquila Lemnorum antiqua ciuit · Regio Shumica · Limnus · Melanbium · Lethargia · Coandria · Maphifta · MERIDIES · Saftrata

ici ne fuite des simple, là où il parle des differences des terres, auquel lieu trouuons tesmoignage q̃ de sō temps Troye estoit nommée Alexãdrie. Il a aussi fait mentiō de l'assosie de Philippi que chacun pourra voir icy. C'e sōt le traueõt du dro õ chemin passāt des Rōmains allans d'Eũrope en Asie par mer. Ceux qui vont par terre passer a Galipoli allōgent leur chemin mais par mer lon ē stote l'Isle de Samotrace, Lēnos, Tassos, Imbros, Tenedos & Metel auant qu'arriuer aux ports de terre ferme. Nous auōs fait autres discours a part pour l'explica tiō de toutes ses choses qui n'ōt peu trou uer place en cest en droit, la ou chaicun qui en vouldra sca uoir d'auātage, pour Ã aut ir recours, au liure de mes singula ritez & obseruatiō de Turquie & Gre ce.

...lement descripte au premier liure des Obseruations, & de

...du liure des portraicts des Oyseaux, incontinent apres l'epistre du liure. Il est memorable, pource que c'est le ...bité en tous lieux par les Caloieres Grecs qui se tiennent es monasteres renfermez de muraille. Cest igno ...qu'il y en ait, que mesmement de quatre ou cinq mil hommes qui viuent là, tous sont Caloieres, sans y auoir

...e Cambray, à l'enseigne de la Poulle grasse.

...OY POVR DIX ANS.